Assemblages moléculaires des acides nucléiques

Youri Timsit

Assemblages moléculaires des acides nucléiques

Chiralité et topologie

Presses Académiques Francophones

Impressum / Mentions légales
Bibliografische Information der Deutschen Nationalbibliothek: Die Deutsche Nationalbibliothek verzeichnet diese Publikation in der Deutschen Nationalbibliografie; detaillierte bibliografische Daten sind im Internet über http://dnb.d-nb.de abrufbar.

Information bibliographique publiée par la Deutsche Nationalbibliothek: La Deutsche Nationalbibliothek inscrit cette publication à la Deutsche Nationalbibliografie; des données bibliographiques détaillées sont disponibles sur internet à l'adresse http://dnb.d-nb.de.

Coverbild / Photo de couverture: www.ingimage.com

Verlag / Editeur:
Presses Académiques Francophones
ist ein Imprint der / est une marque déposée de
AV Akademikerverlag GmbH & Co. KG
Heinrich-Böcking-Str. 6-8, 66121 Saarbrücken, Deutschland / Allemagne
Email: info@presses-academiques.com

Herstellung: siehe letzte Seite /
Impression: voir la dernière page
ISBN: 978-3-8381-7370-2

Assemblages moléculaires des acides nucléiques : chiralité et topologie

Youri Timsit

1

Introduction Générale

Le simple et le complexe, le local et le global entretiennent des relations complexes dans les processus créatifs et leur évolution. Ainsi, dans les phénomènes d'auto-assemblage, la nature, la structure et la complexité de l'objet assemblé peuvent engendrer des conséquences surprenantes sur l'architecture et les propriétés globales de l'édifice. Par exemple, le sujet de la fugue n°3 (ut# majeur) du Clavier Bien Tempéré (Tome II) (Bach, 1744) qui se distingue par une extrême simplicité, laisse la place à un développement d'une richesse et d'une complexité inattendues. Au contraire, les sujets de fugue plus élaborés sont beaucoup plus contraignants et limitent, en général, le champ des possibles du développement fugué. D'une manière similaire, au regard de la débauche et la luxuriance des courbes et de l'architecture du monde à ARN (Leontis et al., 2006), la sobriété structurale du monde à ADN qui lui a succédé donne la curieuse impression d'un renversement de l'histoire où le baroque moléculaire aurait précédé la période gothique. Pourtant, « l'invention » de l'ADN, plus simple par sa structure et ses propriétés que l'ARN, semble avoir été déterminant dans l'épanouissement des formes de vies plus complexes et l'émergence des eucaryotes (Forterre, 2006 ; Claverie, 2006).

L'assemblage des acides nucléiques joue un rôle essentiel dans la plupart des fonctions génétiques telles que l'organisation du génome, la transcription, la recombinaison et la traduction.
Bien que très proches, l'ARN et l'ADN se distinguent nettement par leurs propriétés d'assemblages. Illustrée par les structures cristallographiques récentes des particules ribosomiques des trois règnes, l'architecture de l'ARN est régie par

une grande diversité d'interactions tertiaires reposant sur l'existence d'un riche éventail de motifs structuraux associés à des séquences spécifiques. C'est au contraire la monotonie hélicoïdale et les interactions entre double hélices qui semblent gouverner les assemblages supra-moléculaires de l'ADN. Dans cette sobriété architecturale, la géométrie et les propriétés électrostatiques de la double hélice jouent un rôle fondamental (Timsit et Moras, 1994). L'approche étroite des squelettes sucre-phosphate négativement chargés des acides nucléiques constitue un véritable défi électrostatique qui nécessite la participation de cations et de protéines basiques.

Nos recherches ont parcouru les deux mondes. Nous avons consacré une grande partie d'entre-elles à l'étude structurale des interactions ADN-ADN et à leurs conséquences sur les fonctions génétiques. D'autre part, nous nous sommes penchés sur les mécanismes de l'assemblage de la grande sous-unité ribosomique des bactéries, en étudiant les propriétés structurales de la protéine L20, une protéine ribosomique essentielle aux premières étapes de l'assemblage de l'ARN 23S.

Nous avons montré comment la géométrie et la séquence de la double hélice d'une part, et les protéines et les cations d'autre part, peuvent agir de concert pour ajuster ces processus de reconnaissance intermoléculaire complexe. Nous nous sommes également intéressé au rôle du désordre protéique dans ces processus.

CHAPITRE I

Interactions ADN-ADN : de la géométrie à la topologie

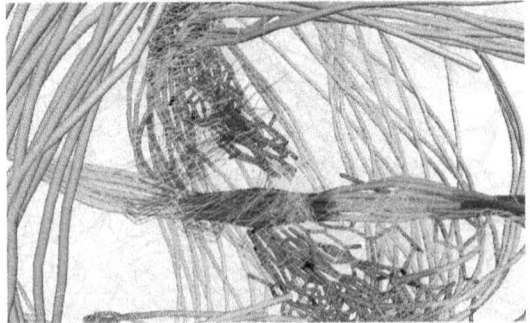

4

A. Propriétés structurales et électrostatiques des interactions ADN-ADN

Les interactions ADN-ADN jouent un rôle extrêmement important dans de nombreux processus biologiques que nous examinerons dans le prochain paragraphe. Les double hélices disposent d'un répertoire géométrique limité pour s'assembler tout en minimisant la répulsion électrostatique entre leurs groupements phosphates. En raison de la chiralité de la double-hélice, deux types de croisements peuvent être formé par les interactions ADN-ADN : les croix droites qui s'assemblent par interaction spécifique squelette-sillon et les croix gauches qui s'assemblent par interaction sillon-sillon (fig. 1).

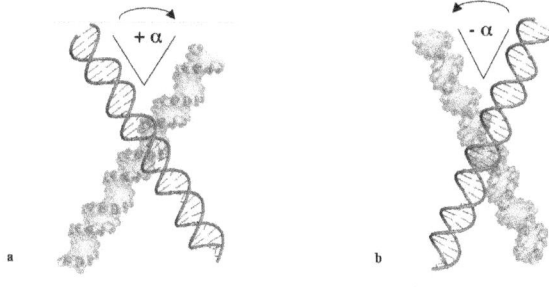

Figure 1 : Géométrie des croisements d'ADN.
(a) croisement droit formé par l'emboîtement squelette sillon.
(b) croisement gauche formé par apposition de grands sillons.

1. Croisements droits : reconnaissance spécifique ADN-ADN

Les croisements droits formés par deux hélices d'ADN en forme B emboîtées par interaction squelette-grand sillon représentent une constante géométrique dictée par la structure de la double hélice en forme B (Timsit et al. 1989, Timsit & Moras, 1991 ; Timsit & Moras, 1994 ; Timsit & Moras, 1996). Ainsi, le grand angle correspond à deux fois la valeur de l'angle formé par l'axe de l'hélice et la direction du grand sillon. La réciprocité des contacts intermoléculaires qui maintiennent leur assemblage engendre la présence d'un axe de symétrie d'ordre 2 qui traverse le grand angle. Les croix se caractérisent donc par l'existence de deux faces distinctes traversée par cet axe. Les cations divalents jouent un rôle important dans la stabilisation de l'interaction en pontant les guanines d'une hélice au groupement phosphate de l'autre (fig. 2a). Nos travaux ont également indiqué que les cytosines sont essentielles à la stabilité des croisements en formant des liaisons hydrogènes avec les groupements phosphates. Récemment, l'ensemble des structures de croisements droits déposés dans la *Protein Data Bank* a été analysé et comparé. Dans tous les cas, ces structures sont stabilisées par des liaisons intermoléculaires cytosine-groupement phosphate (fig. 2b) (Timsit et Varnai, 2011).

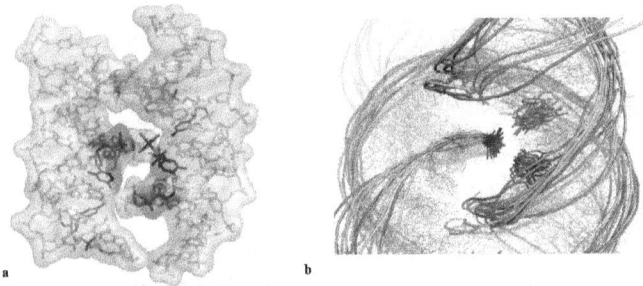

Figure 2 : Reconnaissance ADN-ADN.
(a) vue de face de deux hélices d'ADN-B emboîtées par interaction squelette-sillon. Le magnésium établit un pont entre le groupement phosphate d'une hélice et la guanine de l'autre. (b) superposition des croisements droits de la PDB. Les cytosines et les groupements phosphates qui stabilisent l'interactisont représentées en rouge et bleu, respectivement.

D'autre part, l'assemblage de motifs plus complexes repose sur les mêmes règles. Ainsi, des motifs en triangle d'ADN qui pourraient représenter le cœur de nœud en trèfles idéaux sont également stabilisés par des interactions spécifiques squelette-

sillon impliquant des cytosines (fig. 3a, b) (Timsit & Moras, 1994). Une étude
récemment publiée dans le groupe de Nad Seeman, se basant sur ces principes vient
de décrire la construction de d'un triangle d'ADN dans une perspective
nanotechnologique (fig. 3c) (Zheng et al., 2009), généralisant ainsi le rôle de la
séquence et de la géométrie de l'hélice dans l'auto-assemblage de l'ADN (Timsit &
Varnai, 2011).

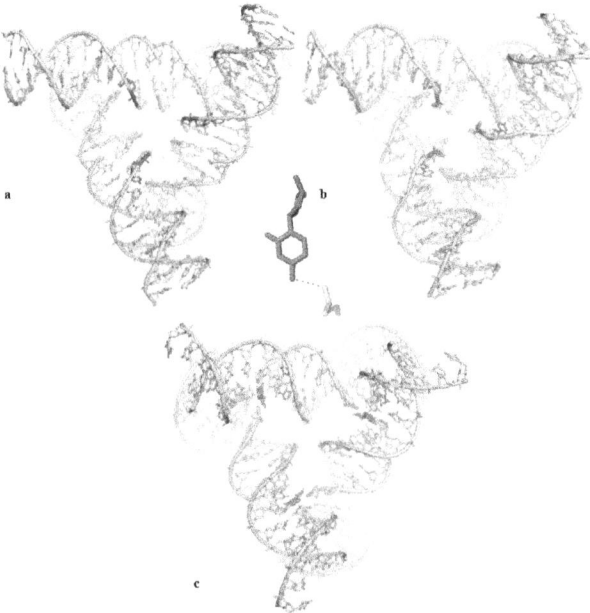

**Figure 3 : Rôle des cytosines, de la double hélice dans l'auto-assemblage de
l'ADN. (a) triangle formé par le dodécamère d(ACCGGCGCCACA) dans les
cristaux (Timsit et al., 1989). (b) triangle formé par le décamère
d(CCGCCGGCGG) dans les cristaux (Timsit & Moras, 1994). (c) construction
décrite par Zheng et al., 2009. Les cytosines equivalentes dans l'interaction
sont représentées en rouge.**

Méthylation des cytosines et interactions ADN-ADN. Le rôle particulier des cytosines dans la stabilisation des interactions ADN-ADN nous a incité à examiner comment leur méthylation pouvait influencer l'approche étroite des hélices. D'une manière surprenante, nos travaux ont montré que les 5-méthyl-cytosines peuvent former des liaisons de type C-H...O (Wahl & Sundaralingam, 1997) avec les oxygènes anioniques des phosphates et stabilisent l'interaction squelette-sillon. Ce résultat spectaculaire a fait l'objet de la couverture du numéro de *Journal of Molecular Biology* (Mayer-Jung et al., 1997). Cette observation originale nous a conduit à explorer plus avant le rôle de la méthylation de l'ADN tant sur le plan fonctionnel que structural.

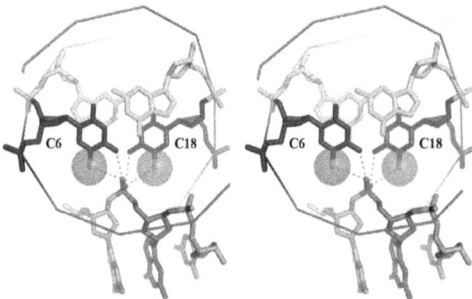

Figure 4 : Influence de la méthylation sur l'interaction squelette-sillon. Vue stéréo axiale de l'interaction du squelette-sucre phosphate représenté en oranger et rouge avec les 5-méthyle cytosines au point d'ancrage cristallin ; les groupements méthyles sont représentés en magenta.

Ainsi, d'autres structures résolues à très haute résolution ont montré que les cytosines méthylées sont mieux hydratées que les cytosines non modifiées. De fait, les groupements –CH3 peuvent également interagir avec les molécules d'eau par l'intermédiaire de liaisons CH...O. Ces travaux ont apporté une conception différente du rôle de la méthylation de l'ADN. Ils remettent en cause la vue traditionnelle qui consiste à expliquer les propriétés de l'ADN méthylé en terme d'hydrophobie du groupement –CH3. Ces résultats ont été publié dans *EMBO journal* (Mayer-Jung et al., 1998). Ces observations et prédictions ont été récemment confirmées par la structure cristallographique d'une protéine MeCP2 complexée à un ADN méthylé (Ho et al., 2008).

Interactions ADN-ADN et ouverture des paires de bases. Nos travaux ont également révélé que l'auto-emboîtement des molécules d'ADN pouvaient induire des altérations importantes dans la géométrie de la double hélice dans des séquences spécifiques. Ainsi, ils ont mis en lumière, pour la première fois, les propriétés particulières des séquences $(CA)_n$ dont la littérature venait de montrer l'implication dans la régulation génétique, la recombinaison et la mutagenèse. Ils ont montré comment l'insertion d'un groupement phosphate dans le grand sillon pouvait déclencher l'ouverture des bases et propager un état « pré-fondu » le long de la double hélice. Ils ont été publiés dans la revue *Nature* (Timsit et al., 1991) et *the Journal of Molecular Biology* (Timsit & Moras, 1995). Nous avons également montré, en comparant de nombreuses structures que les altérations structurales induites par les interactions ADN-ADN variaient en fonction de la séquence et le degré de d'inter-pénétration des hélices (Compl. Inf. 1).

2. Croisements gauches par interaction sillon-sillon

Un autre mode d'interaction permet également de minimiser la répulsion électrostatique entre les double-hélices en forme B. Ainsi, avec Z. Shakked de l'Institut Weizmann (Rehovot, Israël), nous avons caractérisé pour la première fois des croisements gauches d'ADN-B reposant sur l'approche étroite des deux grand sillons des hélices (fig. 5) (Timsit et al., 1999). Ce mode d'interaction a été observé dans les cristaux du décamère d(CCIIICCCGG) (I = inosine). Cette autre solution géométrique nécessite une séquence nucléotidique différente de celle qui stabilise l'interaction squelette sillon. Dans ce cas, ce sont les hydrogènes en position 5 des cytosines C6 et C12 qui forment des liaisons de type C-H...O avec les groupements phosphates qui parcourent longitudinalement le grand sillon (fig. 5a). Les séries de trois cytosines consécutives suivies d'une guanine semblent donc favoriser ce type d'assemblage. La cytosine paraît donc jouer donc un rôle général dans l'auto-assemblage de l'ADN. Les croix ainsi formées sont gauches et ont un angle de 120°. Elles présentent des propriétés structurales qui ont retenu notre attention dans la perspective de leur reconnaissance potentielle par des protéines. De fait, la présence de trois axes d'ordre 2 orthogonaux leur confèrent une symétrie 222.

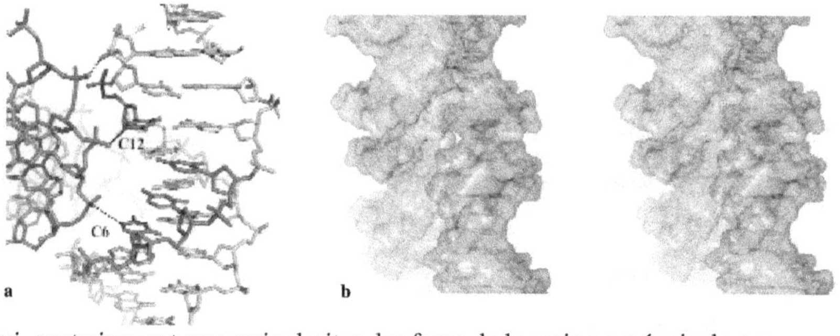

Ainsi, contrairement aux croix droites, les faces de la croix sont équivalentes.

Figure 5 : Croix gauches d'ADN. (a) détail de l'interaction, les groupements phosphates d'une hélice (bleu) forment des liaisons CH...O avec les C5 des cytosines C6 et C12 (rouge) (b) vue stéréo d'un croisement gauche observé dans l'empilement cristallin.

Cependant, les groupements phosphates sont trop lointains pour pouvoir former des liaisons hydrogènes directes avec les bases dans le grand sillon. La géométrie de l'interaction n'est pas non plus propice à l'insertion de cations divalents à l'interface des deux hélices et à la formation de ponts intermoléculaires. Comme nous le verrons dans le paragraphe suivant, en l'absence d'interactions hydrogènes et de ponts formés par les cations divalents, cette interaction est stable dans l'environnement cristallin mais instable en solution.

3. Stabilité des croisements d'ADN en solution : analyse par dynamique moléculaire

Nous avons complété notre approche cristallographique des interactions ADN-ADN par une collaboration avec Peter Varnai (Department of Physical Chemistry, Sussex University, UK). Nous avons cherché à évaluer la stabilité des croisements d'ADN en solution et à en déterminer l'énergie d'interaction par dynamique moléculaire avec solvant explicite. Les simulations ont été effectuées sur les deux types de croisements observés dans nos structures cristallographiques (fig. 1). Ces études ont montré que les croisements droits étaient stables en solution, spécifiquement en présence de cations divalents (concentration physiologique de l'ordre du mM), alors que les croisements gauches sont instables dans toutes les conditions testées. En outre, seuls les cations divalents ont le pouvoir de stabiliser les interactions entre hélices puisque même aux concentrations les plus élevées en monovalents (de l'ordre de 1M), les croisements droits se dissocient rapidement. Ce rôle particulier des cations divalents qui s'explique par leur faculté de former des ponts intermoléculaires entre guanine et groupements phosphates est soutenu par de nombreuses observations expérimentales de la littérature. Ces résultats ont fait l'objet d'une publication dans *Nucleic Acids Research* (Varnai & Timsit, 2010) qui a été recommandée (factor 6) dans le site d'évaluation « *Faculty of 1000* ».

En conclusion, nos travaux ont montré qu'il existe une asymétrie profonde entre les croisements droits et gauches de l'ADN due à la chiralité de la double hélice. Alors que les croisement droits sont stables et sont formés par des interactions spécifiques, les croisement gauches sont instables en solution. Ainsi, la géométrie de la double hélice, sa séquence et les cations divalents contrôlent l'architecture des assemblages d'ADN. Comme nous le verrons plus loin, ces propriétés ont des conséquences importantes pour la topologie et la compaction de l'ADN. De nombreuses questions restent cependant à résoudre : quelle est l'influence de la séquence adjacente des cytosines sur la géométrie et la stabilité des croisements. Comment la séquence contrôle-t'elle l'ouverture des paires bases induite par l'approche étroite des hélices ?

4. Cations et assemblages des acides nucléiques

L'ensemble des structures cristallographiques et les études par dynamique moléculaire ont révélé que les cations divalents jouaient un rôle essentiel dans la

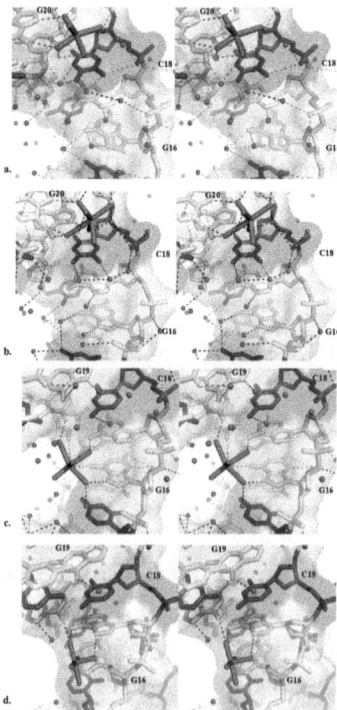

stabilisation des interactions intermoléculaires ADN-ADN (fig. 1). La comparaison de nos différentes structures a montré que, d'une manière générale, les guanines étaient les sites préférentiels de fixation des cations divalents, quelle que soit la forme allomorphe A ou B de l'ADN. Ainsi, par exemple, nous avons pu comparer la fixation du magnésium sur la même séquence dans des contextes structuraux différents (fig. 6).

Figure 6 : Comparaison de la structure du solvant dans les décamères d(CCGCCGGCGG) méthylés (a) et (b) dans deux groupes d'espace différents, et natifs, en forme A (c) et en forme B (d).

Cependant, cette analyse a montré que des variations structurales subtiles influençaient la fixation des cations divalents. La séquence nucléotidique n'est donc pas le seul facteur qui contrôle la fixation des ions sur les acides nucléiques. En particulier, il était difficile d'expliquer pourquoi certaines guanines dans des contextes de séquence semblable fixaient ou non des cations divalents. C'est l'analyse d'une structure à très haute résolution d'un tridécamère d'ARN qui nous a permis de percer ce mystère.

Asymétrie de la distribution des ions : rôle de la séquence et de l'environnement. Nous avons résolu à très haute résolution (1.3 Å), la structure du tridécamère r(GCGUUUGAAACGC) qui contient la séquence d'un petit ribozyme dont l'activité dépend spécifiquement de la présence de Mn^{2+}. Ce ribozyme a été initialement découvert dans la séquence de l'intron autocalytique de groupe I de Tetrahymena (Dange et al., 1990) (Compl. Inf. 2). L'accès aux détail de cette structure a apporté des informations importantes sur l'hydratation de l'ARN. En effet, très peu de structures d'ARN ont été résolues à cette résolution. Rares sont, également, les exemples de mésappariements $G_{(anti)}.G_{(syn)}$ que nous avons pu observer au centre la double hélice. L'article concernant une partie de ce travail est maintenant publié dans *RNA* (Timsit & Bombard, 2007). Il se concentre essentiellement sur la description de la fixation des ions et les déformations structurales qui leur sont associés. L'identification de la nature des ions métalliques a été rendue possible grâce à la qualité exceptionnelle des cartes de densité qui a permis d'établir très précisément leurs modes de coordination (fig. 7). Nous avons pu ainsi discriminer les monovalents de divalents par l'analyse détaillée de la géométrie de leur sphère d'hydratation. Ce type d'analyse est essentiel puisque les ions divalents et monovalents jouent un rôle extrêmement important dans le repliement, l'assemblage et l'activité de l'ARN.

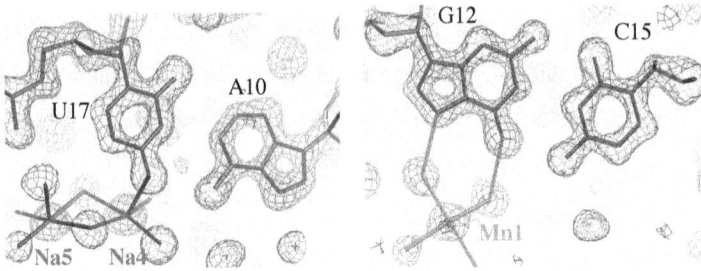

Figure 7 : Détail du solvant dans l'ARN.
Carte de densité électronique 2Fo-Fc (1.4 Å de résolution) contourée à 1.5 σ montrant à gauche le cluster bimétallique d'ions sodiums et à droite l'ion manganèse hexacoordonné.

Une asymétrie frappante dans la distribution des ions a cependant attiré notre attention. En effet, les deux moitiés du duplex palindromique de séquence équivalente ont des profils d'hydratation totalement différents. L'une est extrêmement riche en cations métalliques alors que l'autre en est pratiquement dépourvue (fig. 8). Cette observation extrêmement intéressante montre que la séquence locale de l'ARN n'est pas seule responsable de l'affinité des ions pour l'ARN. D'autres facteurs à plus longue distance influencent leur fixation à l'ARN. Dans l'environnement cristallin, la moitié ionophile se distingue par un environnement moléculaire distinct dans lequel ce sont les charges situées à longues distances (10-12 Å) qui influencent la fixation des ions sur l'ARN. Nous poursuivons cette étude pour chercher à mieux comprendre ce phénomène. Nous avons obtenu plus d'une dizaine d'autres jeux de données à très haute résolution

14

dans des conditions salines très différentes pour approfondir cette question qui nous semble importante.

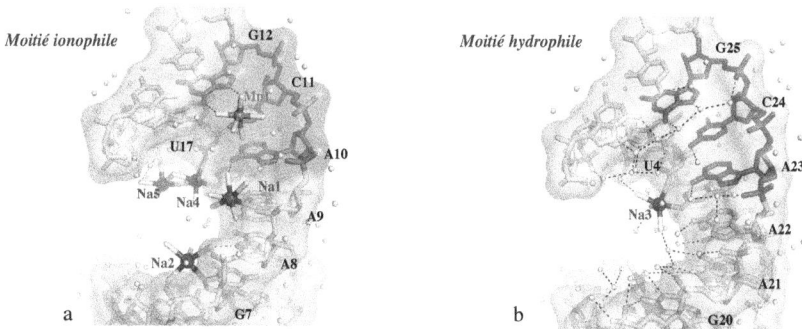

Figure 8 : asymétrie de la fixation des ions dans les deux moitiés du duplex ARN r(GCGUUUGAAACGC). Sillon majeur riche (a) et pauvre en cation (b). Le motif GAAA est représenté en oranger. Les ions sodiums sont représentés en violet et les ions manganèses sont représentés en vert.

5. Interactions ADN-ADN, compaction du génome et topologie

De nombreuses fonctions génétiques font intervenir l'assemblage et le rapprochement de molécules d'ADN. La recombinaison, la régulation de l'expression des gènes et l'organisation des formes condensées de l'ADN impliquent l'approche étroite de segments d'ADN et nécessitent la présence de cations monovalents et divalents (Bloomfield, 1996). Les croisements d'ADN sont reconnus par un ensemble de protéines qui participent au contrôle de l'expression génétique, à l'organisation des formes condensées de l'ADN ou au contrôle de l'intégrité du génome. Nous avons proposé que les contacts ADN-ADN observés dans les cristaux représentent des modèles d'interaction entre doubles hélices *in vivo*. Ces implications sont résumées sur la figure 9 et sont brièvement décrites dans ce paragraphe.

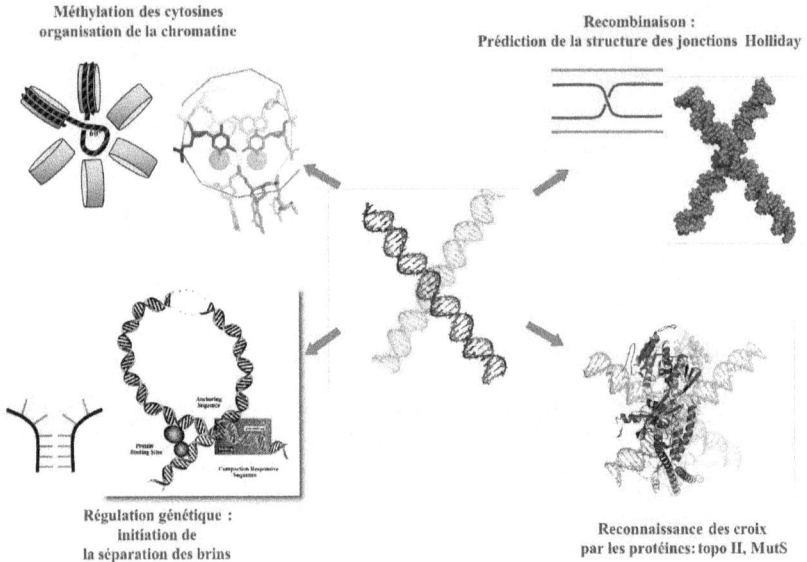

Figure 9: implications biologiques des interactions ADN-ADN.

Deux axes de recherche principaux ont été développés:

-Dans le premier, les données cristallographiques sur les relations entre la séquence nucléotidique et la géométrie des interactions ADN-ADN ont été utilisées pour élucider les principes régissant l'assemblage de molécules d'ADN dans la recombinaison et la condensation. Ces travaux ont été publiés initialement dans *EMBO journal* (Timsit & Moras, 1994), ils ont été ensuite développés pour

16

comprendre les relations entre les interactions locales et la topologie globale de l'ADN et le mécanisme d'action des topoisomérases II (Wang, 2002),.

-Dans le second, les observations montrant que l'interaction squelette-sillon pouvait induire l'ouverture de paires de bases dans des séquences spécifiques ont servi de modèle pour comprendre les mécanismes de séparation des brins associés à l'assemblage de molécules d'ADN et requis dans de nombreuses fonctions biologiques. Ces travaux ont été publiés dans *Journal of Molecular Biology* (Timsit & Moras, 1995) et développés dans *Quarterly Reviews of Biophysics* (Timsit & Moras, 1996). Les déformations de la double hélice ont par ailleurs conduit à analyser le rôle de la structure de l'ADN dans la fidélité de la réplication (paragraphe suivant).

Propriétés géométriques des jonctions Holliday.
A la fin des années 1980, élucider la structure des intermédiaires de recombinaison représentait un enjeu très important en biologie. La connaissance de la géométrie des jonctions Holliday constituait en effet une étape indispensable à la compréhension des mécanismes moléculaires de la recombinaison génétique. Lorsque nous avons découvert l'interaction squelette-sillon, la structure tridimensionnelle des jonctions Holliday était encore inconnue et l'on ne disposait que d'informations fragmentaires sur sa géométrie. Des études biochimiques venaient de montrer que ces molécules devaient adopter une structure en croix (Duckett et al., 1988) et qu'elles possédaient une symétrie d'ordre deux (Churchill et al., 1988). Les propriétés géométriques des croix d'ADN formées par l'interaction squelette-sillon nous ont immédiatement inspiré que ces structures pouvaient représenter des modèles d'intermédiaires de recombinaison. Ainsi, dans notre article de Nature de 1989, nous avons proposé pour la première fois, un

modèle détaillé de ces intermédiaires sur la base des coordonnées cristallographiques des hélices assemblées dans les cristaux. La description et la formalisation des propriétés géométriques des doubles hélices assemblées par interaction squelette sillon a ensuite permis l'analyse systématique de l'ensemble des solutions topologiques conduisant à l'échange de brins (Timsit &t Moras, 1991 ; 1996). Ainsi, nos modèles ont parfaitement prédit la géométrie d'une jonction Holliday dont la structure cristallographique a été résolue huit ans plus tard (Ortiz-Lombardia et al., 1999). En outre, les interactions entre les cytosines et les phosphates dont nous avions souligné l'importance dans la stabilisation des croix droites d'ADN, se retrouvent aux positions correspondantes dans les structures de jonctions (fig. 10).

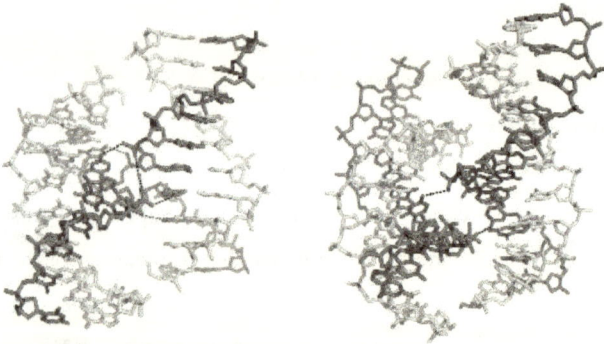

Figure 10 : Les jonctions Holliday (à gauche) et croisements droit d'ADN (à droite) adoptent une géométrie similaire et leur stabilité repose sur des interactions intermoléculaires similaires.

Organisation des formes condensées de l'ADN.

Dans notre article de *Journal of Molecular Biology* (1991), nous avions proposé que les croisements d'ADN pouvaient également participer à l'organisation des

18

formes compactes de la chromatine. Les travaux de Widom avaient en effet montré que le repliement de la fibre chromatinienne reposait sur des interactions ADN-ADN puisqu'il dépendait étroitement de la concentration en cations (Widom, 1989). Nous avions suggéré qu'en s'emboîtant, l'ADN des nucléosomes pouvaient contribuer à organiser l'architecture globale de la fibre. Nous avons approfondi notre analyse en nous appuyant sur les modèles de fibres chromatinienne de la littérature. Alors que le trajet des « linkers », les segments d'ADN non liés aux octamères d'histones étaient encore l'objet de controverse (Robinson & Rhodes, 2006), un consensus semblait acquis pour l'organisation hexagonale du filament 300 Å. Le modèle (Finch & Klug, 1976). Nous avons donc pensé que les motifs complexes formés par les colonnes de duplex empilés dans les cristaux constituaient de bons modèles pour caractériser l'interaction entre les « linkers » du filament 300 Å. De fait, puisque l'angle formé par les croisements des hélices

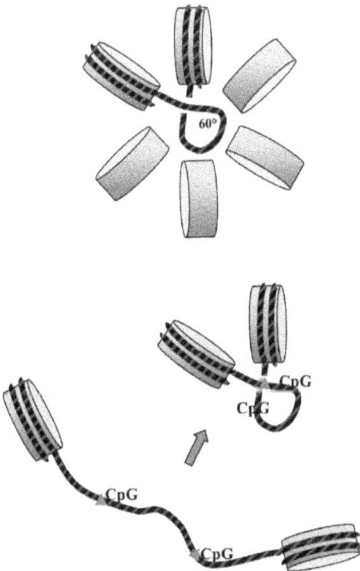

inclinées par rapport au plan ab de la maille vaut 120°, ce type d'organisation est tout à fait compatible avec la géométrie hexagonale de la fibre. Nous avons donc émis l'hypothèse, que l'emboîtement des « linkers » contribuait stabiliser et à organiser l'assemblage des nucléosomes dans la fibre chromatinienne (fig. 11) (Timsit & Moras, 1994).

Figure 11 : Modèle d'organisation des nucléosomes dans le filament 300 Å de la chromatine dans lequel les linkers se croisent par emboîtement squelette sillon. Les CpG méthylés déterminent et stabilisent les points d'intersection.

D'autre part, nos travaux sur la méthylation des cytosines se sont intégrés dans ce cadre conceptuel. En effet, l'ensemble des données biochimiques montrait que la méthylation des sites CpG induisait la formation de structures compactes de la chromatine chez les eucaryotes et provoquait ainsi une répression massive de l'expression des gènes (Lewis & Bird, 1991). Dans notre article de *Journal of Molecular Biology* de 1997, nous nous sommes basés sur nos résultats cristallographiques pour formuler une hypothèse expliquant comment l'addition d'un simple groupement méthyle en position 5 des cytosines pouvait favoriser la compaction de la fibre. Nos données de cristallogenèse ont également montré que les séquences méthylées sont moins soluble que leurs homologues natives. Ainsi, en réduisant la solubilité de l'ADN et en stabilisant l'interaction squelette sillon entre les « linkers », la méthylation des sites CpG pourrait contribuer à condenser la chromatine. Nous avons également suggéré que la distribution des sites CpG le long de la séquence nucléotidique constituait un signal pour déterminer l'emplacement des interactions tertiaires (fig. 11). Cette hypothèse se démarque des théories actuelles pour expliquer le faible taux de représentation des dinucléotides CpG dans les génomes d'eucaryotes. Je pense, en effet que sa sous-représentation peut également refléter son rôle dans l'organisation des contacts tertiaires ADN-ADN. Ces hypothèses ont été renforcées par l'analyse des interactions intermoléculaires des cristaux de nucléosomes et de tétranucléosomes (Luger et al., 1997 ; Schalch et al., 2005). Ce mode d'assemblage n'a pas attiré l'attention des auteurs, mais il montre que les nucléosomes peuvent s'assembler par l'emboîtement squelette sillon de leurs segments d'ADN (fig. 12).

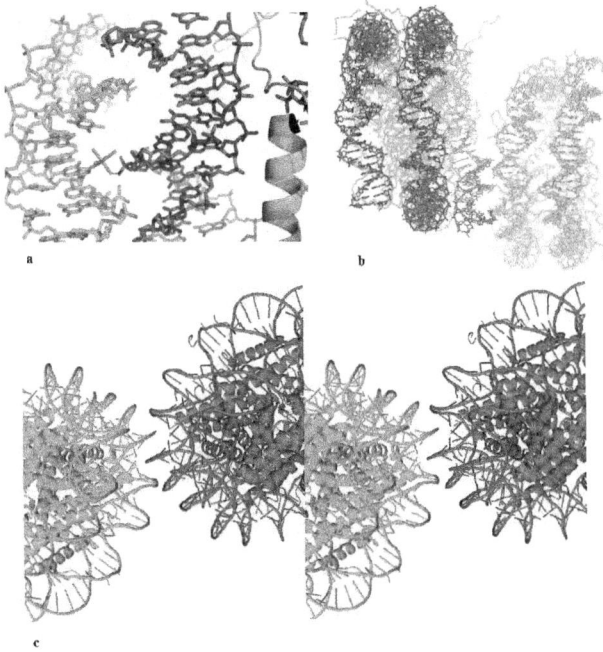

Figure 12. Interaction squelette sillon entre nucléosomes dans les empilements cristallins de nucléosomes (a et b) et dans les structures de tétranucléosomes (vue stéréo) (c).

De la géométrie locale à la topologie globale de l'ADN

Nous avons également montré que la géométrie et la stabilité différente des croisements droits et gauches pouvaient aider à comprendre comment les topoisomérases IIA discriminent localement la topologie globale de l'ADN (Vologodskii, 2009). De fait, chaque type de croisement est associé à des formes topologiques différentes de l'ADN. Alors que les croisements droits stables sont la signature locale de formes topologiques inhabituelles de l'ADN, tels que par exemple, l'ADN relaxé et l'ADN surenroulé positivement, les croisements gauches instables sont formés préférentiellement dans l'ADN surenroulé négativement, la forme physiologique de l'ADN circulaire chez les bactéries (fig. 13). Nous avons postulé que le surenroulement négatif est une manière d'éviter les interactions « collantes » entre segments d'ADN qui seraient susceptibles d'entraver la dynamique du génome utile à de nombreuses fonctions biologiques. Par ailleurs, nous avons montré que les topoisomérases IIB présentes chez les archées avaient une géométrie propice à la fixation de croix droites d'ADN emboîtées par interaction squelette grand-sillon. Cet article a été publié dans *PloS One* (Timsit & Varnai, 2010) et a été recommandé (factor 6) dans le site d'évaluation « ***Faculty of 1000*** ». Le commentaire de T. Maxwell, un pionnier dans l'étude de la topologie de l'ADN et l'étude cristallographique de la gyrase, mérite d'être cité ici :« *I found this*

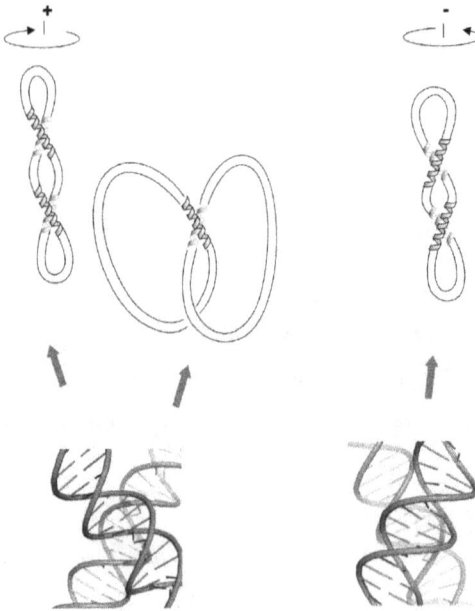

paper refreshing in that the authors are 'thinking outside the box' about the origins and evolutionary significance of DNA supercoiling. The authors point out the consequences of the helical chirality of different forms of DNA and how this might influence its biological function ».

Figure 13 : Interactions locales et formes topologiques de l'ADN. Les croisements droits stables se trouvent préférentiellement dans l'ADN surenroulé positivement, l'ADN relaxé ou les caténanes relaxées. Les croisements gauches instables sont associés à l'ADN surenroulé négativement.

Reconnaissance des croix d'ADN par les topoisomérases de type II

De nombreuses protéines ont la propriété de reconnaître des croisements d'ADN (tableau 1). Certaines d'entre elles, les recombinases, se fixent sur des jonctions Holliday au cours de leurs cycles catalytiques. Des études biochimiques (Lilley, 2000) ont montré qu'elles reconnaissent la forme plane (+) et ouverte de la jonction. Cependant, les protéines architecturales comme l'histone H1 reconnaissent aussi bien les croisements d'ADN que les jonctions Holliday (Varga-Weiz et al., 1994). Deux enzymes partagent avec les protéines architecturales, la propriété de se fixer sur les deux substrats : les topoisomérases II et la protéine MutS. Sachant que les jonctions Holliday empilées et les croisements d'ADN droits adoptent une géométrie similaire, nous avons postulé qu'elles reconnaissent des croix droites d'ADN.

Protéine	Croisement d'ADN	Jonction Holliday	Référence
Histone H1 (H5)	+	+	Krylov et al., 1993 Varga_Weisz et al., 1994
Topoisomérases II	+	+	Zechiedrich & Osheroff, 1990 West & Austin, 1999
MutS, MSH2	+	+	Alani et al., 1997
HU	+	+	Bonnefoy et al., 1994
HMG-I(Y)		+	Hill and Reeves, 1997
HMG		+	Bianchi et al., 1989
p53		+	Lee et al., 1997
Recombinases		+	White et al., 1997 (revue)

Tableau 1. Liste des protéines qui se reconnaissent des croisement d'ADN ou des jonctions Holliday

Les topoisomérases II ont à la fois un rôle catalytique et structural dans les cellules eucarytotes. Ainsi, elles sont capables d'une part de désenchevêtrer les segments d'ADN par la catalyse du passage d'une hélice au travers d'une autre et, d'autre part, de stabiliser des structures complexes de la chromatine (Wang, 2002). Une analyse systématique de modèles de topoisomérases II fixées sur des croisements droits et gauches d'ADN a été entreprise. Ce travail a été publié dans le *Journal of Molecular Biology* (Timsit et al., 1998). D'un autre côté, l'enzyme MutS participe à la discrimination d'erreurs réplicatives en se fixant préférentiellement sur des mésappariements (Modrich, 1997). Comme la topoisomérase II, elle se fixe sur des croix et des jonctions Holliday (Alani et al., 1997 ; Allen et al., 1997). Nous avons donc proposé qu'elle pouvait reconnaître ces structures, d'une manière analogue à celle de la topoisomérase II et émis l'hypothèse de leur évolution convergente pour la reconnaissance de ces structures d'ADN (Timsit, 2001) (fig. 14).

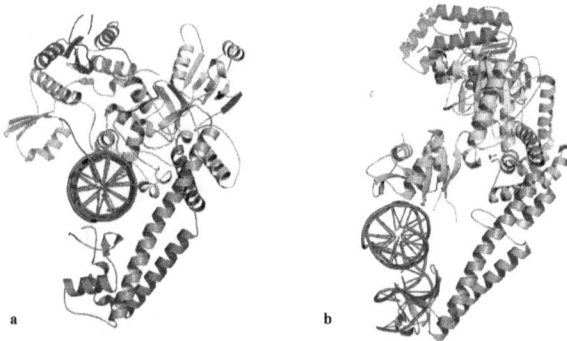

Figure 14 : Convergence évolutive entre MutS et les topoisomérases de type II. Similitude entre le mode de fixation de l'ADN observé expérimentalement dans la structure de MutS (b) et celui proposé dans notre modèle topoisomérase II-ADN (a). Dans les deux cas, l'ADN est représenté par un ruban rouge.

Notre article a été remarqué dans le site d'évaluation *Faculty of 1000*. Il a été également commenté dans la rubrique *New & Notable* de la revue **The Scientist** (21 janvier 2002).

Pourtant, bien qu'un ensemble d'expériences le démontre et que la logique l'exige, la reconnaissance des croisements d'ADN suscite encore de nombreuses controverses. En particulier, la répulsion électrostatique entre deux segments d'ADN ne permettait pas jusqu'à aujourd'hui d'envisager leur confinement dans la cavité étroite comprise entre les domaines ATPase et les domaines de fixation à l'ADN des topoisomérases II. Nos travaux démontrant la stabilité des croisements droits permet de surmonter cet obstacle conceptuel. De fait, nous avons montré récemment que les deux familles de topoisomérases IIA et IIB avaient évolué pour reconnaître des croisements stables d'ADN, les croisements droits (fig. 15).

Figure 15 : les topoisomérases IIA (gauche) et IIB (droite) reconnaissent des croix droites et les enlacent autour de leur grand angle (milieu).

Cette observation résout de manière simple et définitive un problème qui a suscité de nombreuses recherches et spéculations : la perception locale de la topologie globale de l'ADN par les topoisomérases IIA (Vologodskii, 2009). Ainsi, l'enlacement des croix droites autour de leur grand angle impose la formation de liens topologiques radicalement différents entre les anneaux de topoisomérases II et les ADN surenroulés positivement et négativement (fig. 16).

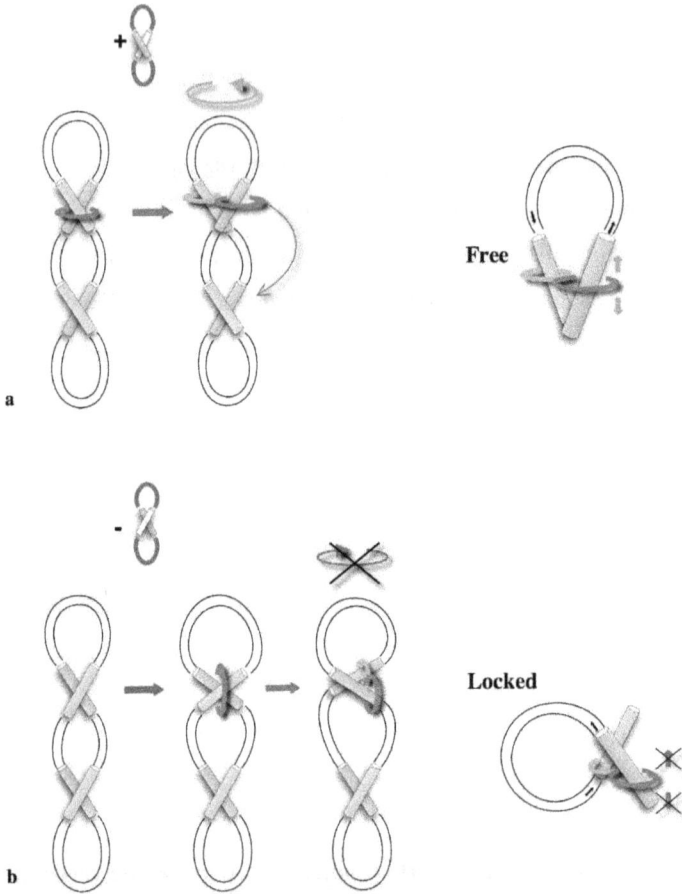

Figure 16 : les relations topologiques différentes entre les anneaux de topoisomérases IIA et l'ADN surenroulé de signe opposé. (a) Sur l'ADN surenroulé positivement, les anneaux sont libres de glisser le long de l'ADN. (b) sur l'ADN surenroulé négativement, les anneaux sont bloqués et ne peuvent pas glisser d'un croisement à un autre, après la réaction de passage de brin. Ces deux configurations différentes peuvent expliquer pourquoi les topoIIA sont processives sur l'ADN surenroulé positivement et distributives sur l'ADN surenroulé négativement.

Ces relations topologiques différentes sur les deux formes d'ADN conditionnent leur mobilité et expliquent pourquoi les topoisomérase IIA sont processives sur l'ADN surenroulés positivement et distributives sur l'ADN surenroulé négativement comme l'a montré une étude du groupe de Croquette et Bensimon de l'ENS Paris (Neuman et al., 2009). Cette étude est publiée *dans Nucleic Acids Research* (Timsit, 2011).

Interaction ADN-ADN et initiation de la séparation des brins de l'ADN
L'idée de la séparation des brins de la double hélice d'ADN a été mentionnée dès la découverte de la structure de l'ADN en 1953. Alors que la dénaturation s'accomplit avec une facilité extraordinaire au-delà de la température de fusion de l'ADN, les mécanismes moléculaires qui conduisent à l'ouverture des paires de bases restent encore totalement obscurs et se confrontent aux limites de nos approches expérimentales puisqu'ils sont de nature dynamique. Nous avons eu beaucoup de chance de pouvoir assister pour la première fois aux prémices de ce phénomène dans l'une de nos structures cristallographiques (Timsit et al., 1991). Ces données peuvent à la fois renseigner sur les mouvements mis en jeu lors de la séparation des brins et sur le rôle de la séquence dans ces processus.

Au cours de l'approche étroite de deux hélices, l'insertion d'un groupement phosphate dans le grand sillon peut extraire une cytosine de son appariement. Selon sa position, son degré de pénétration et la nature de la séquence environnante, l'influence de cette interaction sur la structure de la double hélice peut atteindre des degrés divers, allant de la perturbation de l'empilement des bases à la réorganisation globale du schéma d'appariement des bases. Nous avons montré que les séquences de type $(CA)_n$ ou $(C/A)_n$, « sensibles à la compaction », permettaient la propagation d'une déformation locale à une zone plus étendue de la double hélice (Compl. Inf. 1). Cette propriété rappelle le concept de catalyse puisque que la séquence permet la stabilisation d'un état intermédiaire de plus haute énergie. D'une manière intéressante, ce type de séquence se retrouve très souvent dans les sites d'initiation de séparation des brins, tels les promoteurs, les origines de réplication et les points chauds de recombinaison (tableau 2).

Transcription	Séquence	Référence
lac promoter (supercoiling responsive)	-10 +1 TGT**TGTGTGG**AA**TT**GTGA	Sasse-Dwight & Gralla,1989
nifLA promoter (loop formation)	-10 +1 CA**TGGTT**ATC**ACC**GTTCGG	Minchin et al., 1989
Sup4 tRNA promoter	-10 +1 CTCTTTCTT**CAACAA**TTAAA	Kassevetis et al., 1990; 1992
SV40 major late promoter (nucleoprotein structure)	300 320 CCT**AACCAA**GTTCCTCTTTCAG**A**GG**TT**AT	Zhang & Gralla, 1989
Intervening sequences (supercoiling responsive)	(**CA**)n	Kilpatrick et al. 1984
Rat prolactin gene regulatory region (supercoiling responsive)	(**CA**)n	Naylor & Clark, 1990 Kilpatrick et al. 1984
Réplication		
Lambda replication origin (supercoiling responsive)	**CAAAAC**AGGGGG**AC**A**CAAAA**G**AC**A**C**TATT**ACAAAAG**AAA	Shnos et al., 1988
DNA unwinding element *E. Coli* OriC (supercoiling responsive)	TCT**A**TTT**A**TTT**A**G**A**GATC**TGTT**CT**A**TT**GTG**ATCTCTT	Kowalski & Eddy, 1989
Yeast *C2G1* ARS consensus for unwinding element (supercoiling responsive)	**AAAAC**AT**AAA**T and A**TTTA**T**GTTTT**	Natale et al., 1992
PBR322 stable DNA unwinding sequence	**TTTTGGT**CATGAGATTATC**AAAAA**GGATCTT**CACC**	Kowalski et al., 1988

Tableau 2. : Liste des séquences régulatrices dont l'ouverture des brins a été expérimentalement testée par les sondes à KMNO$_4$. Les bases soulignées ne sont pas appariées. Les caractères gras correspondent au consensu (C/A)$_n$ ou (T/G)$_n$

Sur la base des données biochimiques de la littérature, un modèle de mécanisme d'initiation de l'ouverture de la double hélice a été proposé. Dans ce modèle, c'est l'approche étroite des hélices au voisinage de séquences sensibles à la compaction, qui déclenche la séparation des brins. Ce modèle a été publié dans *Journal of Molecular Biology* (Timsit & Moras, 1995) et *Quarterly Reviews of Biophysics* (Timsit & Moras, 1996) (fig. 17).

28

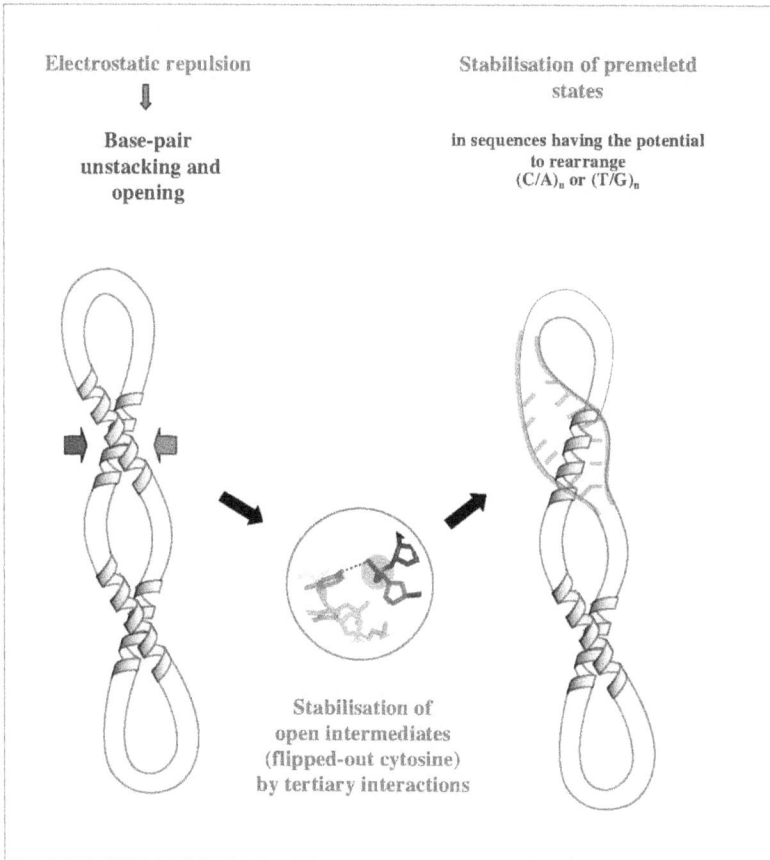

Figure 17. Modèle proposant le rôle des contacts ADN-ADN dans l'initiation de la séparation des brins. Les contacts tertiaires stabilisent les états intermédiaires de haute énérgie, comme le ferait une enzyme.

Notons également que dans toutes ces séquences, le déclenchement de la séparation des brins requiert l'assemblage transitoire de doubles hélices ou le surenroulement de l'ADN. Alors, que l'on admet généralement que surenroulement négatif déstabilise ces régions en déroulant la double hélice, nous proposons ici que c'est l'approche étroite de segments d'ADN qui déclenche la séparation des brins dans les formes condensées ou dans l'ADN surenroulé positivement.

B. Structure de l'ADN et fidélité des polymérases : les vertus de la forme A

De la fidélité des ADN-polymérases dépend la perpétuation des espèces et la stabilité génétique des êtres vivants. De leur infidélité peut apparaître la nouveauté indispensable à l'évolution biologique. Pourtant, le plus souvent, les erreurs réplicatives et les mutations qui en résultent sont létales ou génèrent des anomalies fonctionnelles. Ainsi, le taux d'erreurs réplicatives qui a été soumis à la pression sélective, peut atteindre seulement 10^{-10} par base insérée, grâce au concours de l'ensemble des étapes de vérification et de correction post-réplicatives (Echols & Goodman, 1991). De nombreuses données expérimentales ont cependant montré que les mutations n'étaient pas le simple fruit du hasard et qu'elles dépendaient non seulement de la nature des polymérases et de la séquence nucléotidique de l'ADN (Kunkel, 1992). Déchiffrer les relations complexes entre la séquence et les variations structurales de l'ADN est donc le préalable indispensable à la compréhension de ces phénomènes.

Il est remarquable de réaliser que la fidélité de la réplication repose essentiellement sur les règles de complémentarité des bases de l'ADN. Elle est la conséquence de la sélection géométrique de la paire de base correcte formée dans le site actif des polymérases, lors de l'appariement entre le nucléotide nouvellement incorporé et la base « modèle » (Goodman, 1997). Les travaux d'Olga Kennard ont mis en lumière le caractère isostructural des deux paires complémentaires A.T et G.C. Toute entorse aux règles de complémentarité, brise l'adéquation de la paire à ce canon géométrique (Kennard, 1987). Ainsi, l'exiguïté du site actif des polymérases exclut tout appariement illégitime dont la conformation s'éloigne quelque peu de ces critères. L'intégrité structurale de ce site constitue ainsi la clef de voûte du fragile édifice que représentent les êtres vivants.

Le décalage de l'appariement des bases observé dans la séquence $(CA)_2$ située à l'extrémité du dodécamère *d(ACCGGCGCCACA)* a immédiatement suggéré que cette anomalie pouvait engendrer des mutations par décalage de la phase de lecture (Timsit et al., 1991). Peu de temps après la publication de notre article, d'abondantes données biochimiques renforçait cette hypothèse en montrant que l'instabilité réplicative des microsatellites $(CA)_n$ pouvait induire l'apparition de cancers (Strand et al., 1993 ; Kunkel, 1993 ; Loeb, 1994 ; Karran, 1996). L'équation simple juxtaposant les données « structure anormale de l'ADN » « dysfonctionnement réplicatif » souffrait cependant de l'absence d'une information capitale : la structure d'un complexe ternaire entre une polymérase, un duplex amorce-modèle et le nucléotide incorporé. Ce n'est donc qu'en possession des premières coordonnées du complexe de la polymérase β (Pelletier et al., 1994), qu'une analyse plus détaillée a pu être entamée.

Dans ce travail, le postulat de base qui d'ailleurs, n'avait jamais été explicité antérieurement, constatait le fait remarquable, que le site actif des ADN-polymérases était à la fois façonné par l'enzyme et le produit de sa réaction : le duplex néo-formé (fig. 18). En corollaire, il apparaissait donc que toute altération structurale de l'ADN en son voisinage pouvait affecter sa géométrie et donc la fidélité réplicative.

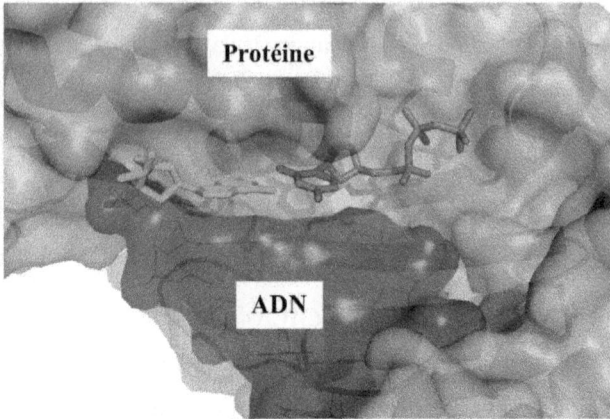

Figure 18 : Le site actif des polymérases est façonné par l'enzyme (vert bleu) et le produit de sa réaction duplex « template-primer » néo-synthétisé (bleu violet).

Nous avons ainsi montré comment la structure altérée (appariements des bases décalés dans le grand sillon) de l'ADN néo-synthétisé peut provoquer une erreur réplicative. La base décalée du brin amorce prend la place du nucléotide à incorporer et induit par conséquent une mutation par décalage de la phase de lecture de -1pb. Cependant, la conservation des interactions Watson-Crick correctes du côté du petit sillon fait en sorte que ces anomalies échappent au système de discrimination de l'enzyme qui ne teste que ce côté des paires de bases. Ainsi, ce mécanisme permettait d'expliquer comment ces séquences pouvaient constituer des points chauds de mutagénèse. En outre, la comparaison de toutes les structures contenant des séquences $(CA)_n$ disponibles dans la PDB, a montré que leur conformation dépendait étroitement de la forme allomorphe A ou B de l'ADN. De fait, en imposant de sévères contraintes sur l'empilement des bases, la géométrie de la forme A de l'ADN atténue considérablement la variabilité structurale de ces séquences. D'un autre côté, la comparaison des structures de l'ADN dans les complexes de DNA-polymérases de la PDB a fourni une seconde pièce extrêmement utile pour comprendre le phénomène.

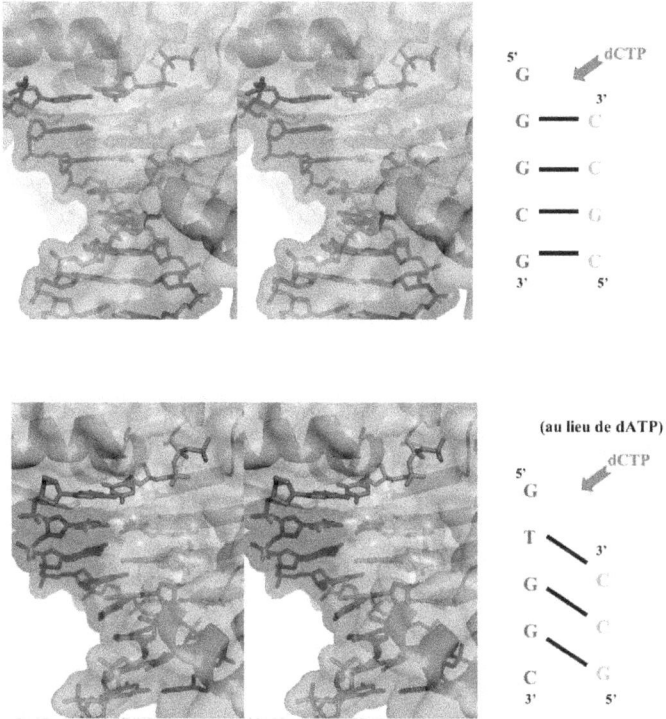

Figure 19. Le rôle de la structure de l'ADN dans la fidélité des polymérases. En haut, vue stéréo de la structure du complexe de la polymérase β de rat. Le dCTP représenté en rouge est incorporé normalement devant sa base complémentaire. En bas, modèle dans lequel le duplex amorce modèle a été remplacé par la structure du nar contenant des appariements décalés. La cytosine en 3' du brin amorce prend la place du nucléotide à incorporer, un dATP en face de la thymine du brin modèle. Un dCTP est donc inséré en face de la guanine suivante, induisant ainsi une mutation de -1 base.

En effet, dans tous les complexes, à l'exception de celui de la polymérase β, le duplex amorce-modèle adopte la conformation d'une hélice en forme A. Cette tendance se renforce d'autant plus, à proximité du site actif. Ainsi, en atténuant les variations structurales au voisinage du site actif, la forme A du duplex amorce-modèle préserve sa géométrie et contribue directement à la fidélité de la polymérase. Cette hypothèse s'accorde parfaitement avec l'infidélité notoire de la polymérase β dont l'intégrité du site actif est à la merci de la versatilité conformationnelle de la forme B (fig. 20). Ce travail a été publié dans le *Journal of Molecular Biology* en 1999 (Timsit, 1999). Il a ainsi, attribué pour la première fois un sens biologique à la forme A de l'ADN et a souligné l'importance du rôle de la déshydratation de l'ADN et des transitions structurales de la double hélice. Nous avons également montré comment l'asymétrie des variations structurales de l'ADN dues à sa chiralité pouvaient être à l'origine d'un biais profond dans les spectres de mutagenèse (-1bp >>> +1bp) (Timsit, 1999). Nous avons également poursuivi ce travail en examinant comment les variations structurales de la forme A pouvaient induire des erreurs, à la lumière des résultats sur la méthylation des formes A (Mayer & Timsit, 2001).

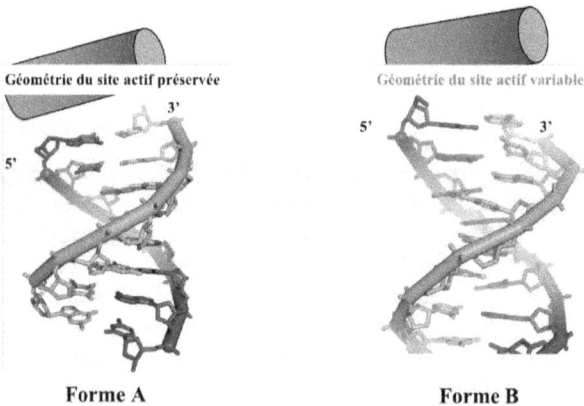

Figure 20 : rôle de la forme A dans la fidélité des polymérases.

CHAPITRE II

Assemblage des ribosomes : rôle des protéines intrinsèquement non structurées

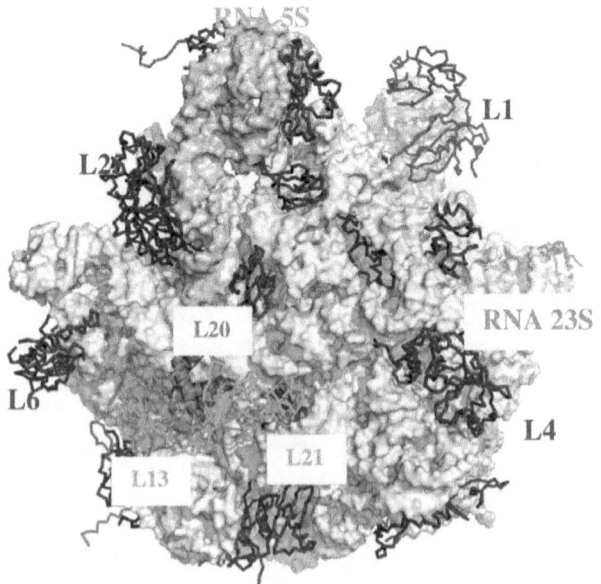

Désordre protéique et assemblage du ribosome

L'existence de protéines intrinsèquement non structurées (IUPs) a remis en question l'un des paradigmes principaux de la biologie moléculaire : « les relations structure-fonction » (Wright & Dyson, 1999). Des travaux récents d'analyses de séquences ont montré qu'il existe un lien entre la complexité d'un organisme et la présence de IUPs (Ward et al., 2004). Ces protéines participent aux fonctions régulatrices de la cellule, telles que la régulation de la transcription et de la traduction, le contrôle de la prolifération cellulaire et l'apoptose (Uversky, 2002; Fink, 2005; Wright et Dyson, 2005). On ignore encore les mécanismes moléculaires qui entrent en jeu dans ces processus. Une hypothèse intéressante suppose que le couplage « repliement - association intermoléculaire » permet l'obtention d'une surface d'interaction plus grande pour une protéine de petite taille. Cette propriété permet ainsi de limiter l'encombrement cellulaire (Gunasekaran et al., 2003). On pense également que les IUPs jouent un rôle particulier dans le repliement de l'ARN. Les programmes de prédiction de désordre dans les protéines ont montré qu'en général, les chaperones à ARN possèdent de longs segments non structurés (Tompa & Csermely, 2004). Le mécanisme par lequel ces régions facilitent le repliement de l'ARN reste cependant inconnu. Des études RMN ont, par exemple, montré que de nombreuses protéines ribosomiques possèdent des domaines non structurés lorsqu'elles ne sont pas liées au ribosome. Celles-ci s'ordonnent dès la fixation à l'ARN (Lillemoen & Hoffman, 1998 ; Sayers et al., 2000 ; Hinck et al., 1997). De fait, une des surprises révélée par la structure tridimensionnelle des ribosomes est la visualisation de ces très longues extensions qui « plongent » à l'intérieur des sous-unités (Harms et al., 2001 ; Wimberly et al., 2000 ; Ban et al. 2000).

Alors que les structures cristallographiques récentes des sous-unités ribosomiques et des ribosomes entiers ont fourni des informations considérables sur leur architecture et leur fonction, la manière dont ils assemblent reste encore mystérieuse. Tandis que la petite sous-unité ribosomique des bactéries est composée de l'ARN 16 S et de 21 protéines, la grande sous-unité (50 S) contient deux molécules d'ARN, le 23 S (2904 nt) et le 5 S (120 nt) et 33 protéines. L'assemblage sous-unités ribosomiques *in vivo* est concomitant à la transcription et ne prend qu'environ une minute. Au contraire, il peut prendre plusieurs heures *in vitro*, avec plusieurs étapes d'incubation à hautes température (Nomura, 1973). De fait, l'assemblage de tous les constituants est hautement hiérarchisé et la fixation de nombreuses protéines dépend de la fixation antérieure d'autres protéines. Ainsi, le processus est grandement facilité *in vivo* grâce au couplage entre la synthèse et le repliement des ARN ribosomiques. Alors que l'assemblage *in vitro* de la sous-unité 30 S est maintenant bien documenté (Williamson, 2003 ; Nomura, 1973 ; Talkington, 2005), celui de la sous-unité 50 S est beaucoup plus complexe (Röhl & Nierhaus, 1982, Herold & Nierhaus, 1982). Les 5 protéines qui participent aux premières étapes d'assemblages se fixent à proximité de l'extrémité 5' de l'ARN 23 S. Parmi elles, L4, L20, L22 et L24 sont essentielles. L'examen de ces protéines d'assemblage dans la structure finale de la sous-unité 50 S révèle qu'à l'exception de L24 qui est entièrement dépourvue de structure secondaire bien définie, chacune d'entre elles possède une extension qui plonge à l'intérieur de la sous-unité. Il est donc légitime de s'interroger sur le rôle de ces extensions dans le repliement de l'ARN 23 S. De fait, ces régions sont le plus souvent non structurées en l'absence de l'ARNr. Le désordre semble donc être une propriété requise aux protéines impliquées dans l'assemblage du ribosome.

Coexistence de deux états de repliements de la protéine L20 dans un cristal

Alors que L20 joue un rôle fondamental au cours des premières étapes de l'assemblage de la sous-unité 50S en participant au repliement de l'ARN ribosomique 23S (Herold et Nierhaus, 1987), elle n'est pas requise pour les étapes plus tardives. D'autre part, L20 participe au contrôle de la traduction de son propre gène en se fixant sur le site opérateur de son ARN messager et en stabilisant une structure particulièrement complexe (Chiaruttini et al., 1996, 1997). Malgré son caractère essentiel, L20 (118 résidus) est présente exclusivement chez les eubactéries. Sa séquence est caractérisée par une moitié N-terminale extrêmement riche en acides aminés basiques. Ceux-ci, regroupés en clusters, sont conservés au cours de l'évolution. L20 représente d'ailleurs, l'une des protéines les plus basiques des eubactéries. Afin de mieux comprendre son rôle, nous avons résolu sa structure cristallographique en collaboration avec M. Springer. Cette étude a été particulièrement difficile pour deux raisons. La première est liée à son extrême flexibilité et à sa faible solubilité. Le groupe d'espace P_1 a constitué une seconde difficulté. De fait, l'absence de symétrie cristallographique a pénalisé toutes les étapes de la résolution de la structure et plus particulièrement l'usage de la méthode MAD (*Multiwavelength Anomalous Dispersion*) qui exige des données de diffraction très précises et par conséquent une grande redondance dans les données. Les efforts pour résoudre cette structure ont été cependant récompensés. En effet, deux états de repliement protéique au sein du même cristal ont été observés au sein d'un même cristal, une première dans l'histoire de la cristallographie. L'unité asymétrique est composée d'un hétéro-tétramère formé d'un dimère replié et un dimère partiellement déplié (fig. 1). Cette association particulière de deux formes distinctes de la protéine explique pourquoi les cristaux ont été particulièrement difficiles à obtenir. La rareté de cet événement témoigne de la grande difficulté technique mise en œuvre pour

parvenir à l'observer. Ce résultat inattendu laisse penser que les deux formes qui coexistaient en solution ont été co-cristallisées.

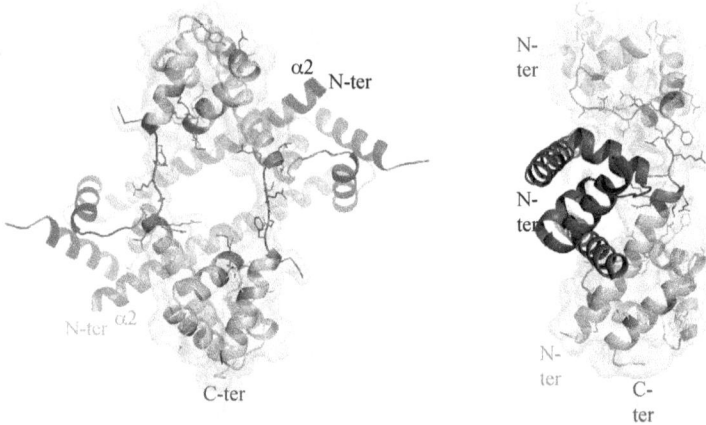

Figure 1 : Hétérotétramère de L20. Vue de face (gauche) et de profil (droite) du dimère de dimère de l20 dans l'unité asymétrique. Le dimère partiellement déplié est représenté en oranger pâle. Le dimère replié est représenté en bleu. L'axe 2 non cristallographique est perpendiculaire au plan de la figure vue de face. Les régions protéiques dépliées sont représentées en rouge.

Les deux formes diffèrent également par leurs contacts tertiaires et par la réorganisation « en cascade » d'une série de ponts salins impliquant des acides aminés basiques et acides à la surface de la protéine. Cette zone qui semble jouer un rôle important dans la communication entre la grande hélice α2 et la partie globulaire est également impliquée dans la reconnaissance de l'ARN 23S dans le ribosome.

Calmoduline   L20

Replié   Dépliée

C-ter   C-ter   C-ter   partie
                                                                                                globulaire

cluster d'aas chargés
localisés sur une face,
le long de
3 tours d'hélice α

                                                                                                extension

N-ter   N-ter   N-ter

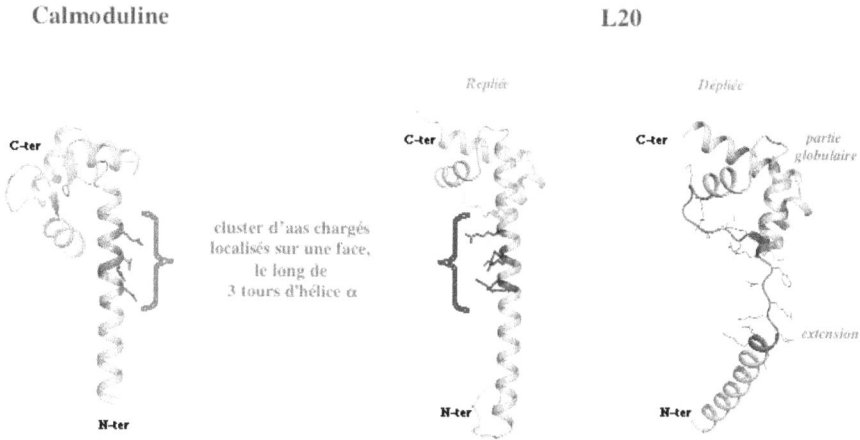

Figure 2 : Clusters d'acides aminés chargés et instabilité des hélices α dans la calmoduline et L20.

La comparaison des deux formes indique que la structure tridimensionnelle de la forme dépliée est « inachevée » et qu'elle peut ainsi représenter un état intermédiaire de repliement protéique qui mène à la forme repliée (Compl. Inf. 3). Ces travaux apportent également une explication rationnelle à l'instabilité du segment 48-57 de l'extension N-ter de L20. De fait, la partie de l'hélice α2 déroulée dans les monomères dépliés est caractérisée par une séquence très riche en acides aminés basiques qui, dans la forme repliée génère une face chargée positivement sur trois tours de l'hélice α2. La répulsion électrostatique entre les chaînes latérales du cluster d'acide aminés basiques contribue donc à son instabilité structurale. D'une manière générale, cette distribution particulière de charges est à l'origine de l'instabilité des hélices α. Ainsi, L20 et la calmoduline ont en commun une grande hélice α exposée au solvant qui se poursuit par un domaine globulaire C-terminal (fig. 2). Cette observation a donc permis de généraliser un phénomène reposant sur une organisation particulière d'acides aminés acides chargés le long d'une hélice α. Nous avons montré que les séquences du type CxCCxxC (où C est un résidu chargé) procurent une grande flexibilité aux régions en hélice des protéines. L'analogie entre L20 et la calmoduline s'étend également à l'organisation tridimensionnelle commune de leur deux domaines N-ter et C-ter et à l'existence d'une « communication structurale » entre ces deux domaines. Dans l'hypothèse d'un repliement concerté entre les domaines, le repliement de la région 48-57 en hélice pourrait déclencher l'achèvement de la compaction de la partie globulaire par l'intermédiaire de l'arg 90 et la lys 91 situées à la lisière des deux domaines. Cette hypothèse est soutenue par des travaux récents qui démontrent qu'une communication structurale analogue existe entre les deux domaines de la calmoduline par l'intermédiaire de la tyr 138. D'une manière intéressante, ces deux protéines sont amenées à changer de structure en fonction des étapes de leur fixation à leurs ligands. Elles peuvent, en outre, reconnaître des partenaires différents. Il est donc probable, que leurs propriétés dynamiques reflètent des mécanismes biologiques propres aux protéines intrinsèquement non structurées. Ces résultats ont été publiés dans *EMBO report* (Timsit et al., 2006)

Désordre protéique et assemblage de la sous-unité 50 S

Le passage de la forme dépliée à la forme repliée s'accompagne d'une réorganisation spectaculaire des potentiels électrostatiques de la surface protéique. La partie globulaire de la forme dépliée présente au solvant une surface bien plus positive que celle de la forme repliée. Au contraire, l'affinité pour l'ARN de l'extension N-terminale de la forme dépliée est moins importante dans la forme dépliée que dans le cas de la forme repliée (les charges positives y sont dispersées). Cette observation laisse penser que la forme dépliée qui est stabilisée par des ponts ioniques transitoires représente un intermédiaire fonctionnel nécessaire aux premières étapes de la fixation de la partie globulaire de L20 à l'ARN ribosomique ou à l'opérateur. En effet, la protéine L20 se fixe à la lisière de deux domaines d'ARN ribosomique dans la sous-unité 23S : l'hélice H25 et l'hélice H40/41. Il est donc possible que l'extension serve dans un premier temps à les rapprocher et dans un second temps à assurer leur cohésion. Ces résultats suggèrent donc un mécanisme en trois étapes expliquant comment le désordre transitoire de la protéine peut contribuer à rapprocher et organiser deux hélices de l'ARN 23S dans la grande sous-unité du ribosome (fig. 3).

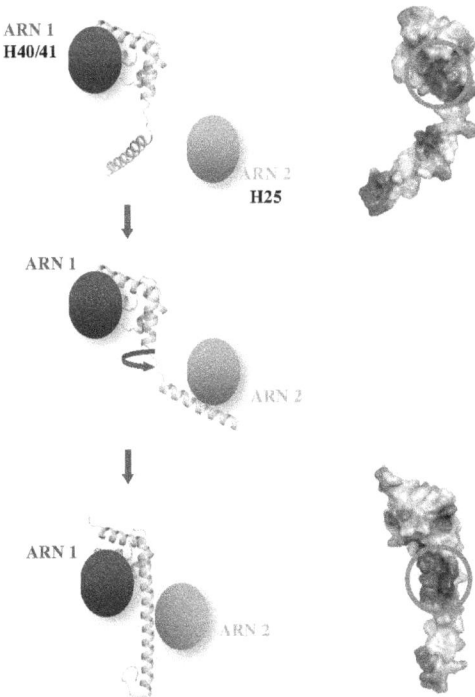

Figure 3 : Modèle en trois étapes justifiant le rôle de la région flexible de l'hélice α2 dans l'assemblage du ribosome. Dans la forme intermédiaire dépliée, l'hélice α2 a moins d'affinité pour la molécule d'ARN 1 (bleu) que dans la forme repliée. Par conséquent, elle est libre d'aller chercher la seconde molécule d'ARN (oranger) dans son voisinage. La neutralisation des charges positives par l'assemblage à cette seconde molécule permet son repliement et le rapprochement des deux hélices d'ARN.

Nous avons, par ailleurs, cherché à comprendre, d'une manière plus générale quel était le rôle des extensions des protéines L3, L4, L13, L20 et L22 dans l'assemblage. Comme nous l'avons indiqué dans l'introduction, ces protéines essentielles aux premières étapes de l'assemblage possèdent toutes une extension qui plonge à l'intérieur de la sous-unité. Dans un article publié dans *International Journal of Molecular Sciences* (Timsit et al., 2009) et dans un livre consacré aux protéines ribosomiques *Nova Publishers,* (Timsit et al., 2010) nous nous sommes basés sur les données biochimiques et structurales actuellement disponibles pour tenter de comprendre le rôle de ces extensions. A notre grande surprise, nous avons réalisé que seule l'extension de L20 est strictement requise dans les premières étapes de l'assemblage. De fait, alors que les travaux du groupe de Mathias Springer ont montré que le domaine N-terminal était indispensable pour assurer le repliement correct de l'ARN 23 S (Gillier et al., 2005), la délétion des extensions de L4 et L22 n'ont pas d'influence sur l'assemblage (Zengel et al., 2003). Ainsi, ces données tendent à indiquer qu'il existe une corrélation entre le type de transition structurale que peut réaliser l'extension et la fonction d'assemblage du ribosome. Ainsi, selon leur nature, les extensions des protéines ribosomiques ne jouent pas le même rôle. Alors que la transition « pelote – hélice » de l'extension de L20 est strictement requise, les transitions « ordre - désordre » des boucles de L4 et L22 ne sont pas indispensables à l'assemblage. Ces résultats confortent davantage notre modèle en trois étapes.

44

Conclusions Générales

Nos travaux montrent comment la simplicité et la sobriété structurales de l'ADN ont permis l'émergence de propriétés inattendues qui ont accompagné le Vivant à sa sortie du monde à ARN. L'ADN s'est avant tout démarqué de son ancêtre ARN en révélant et en exacerbant la nature hélicoïdale du matériel génétique. De fait, en renonçant aux mésappariements qui permettaient à l'ARN de générer des motifs tridimensionnels variés et d'établir des interactions tertiaires presque aussi riches que les protéines, l'ADN s'est soumis au règne strict de la double hélice. Ce choix évolutif contingent exige le chevauchement de codes multiples le long de sa structure moléculaire, tant pour transmettre et perpétuer l'information génétique, que pour lui permettre de varier et d'évoluer. Nous proposons ici que nature hélicoïdale de l'ADN et sa chiralité ont introduit un biais primordial, dans la topologie et la mutagenèse des génomes. De fait, les interactions ADN-ADN sont essentiellement régies et codifiées par des contacts entre hélices. Ainsi, l'asymétrie des croisements droits et gauches engendrés par la chiralité de la double hélice pourrait être à l'origine du choix de la topologie globale des génomes dans les trois règnes (Timsit & Varnai, 2010). D'autre part, nous avons montré comment les propriétés structurales et dynamiques de l'ADN pouvait engendrer une asymétrie profonde du spectre mutationnel des erreurs réplicatives (Timsit, 1999).

Nous avons également révélé deux visages de l'ADN. Une forme B dionysiaque et versatile, probablement à l'origine « d'erreurs » ou de sources de changements mais aussi indispensable à la dynamique requise pour l'ensemble des fonctions génétiques. Et puis, une forme A apollinaire, stable et régulière, si fiable que les topoisomérases II et les ADN-polymérases en ont utilisé sa structure pour contribuer à façonner leurs sites actifs. La séquence nucléotidique doit subtilement favoriser l'une ou l'autre, encoder les gènes, distribuer les signaux régulateurs, et favoriser transitoirement dans certaines zones la compaction du génome. Nos travaux ont également contribué à éclaircir ces questions en suggérant un rôle particulier des cytosines natives ou méthylées dans la stabilisation des assemblages d'ADN. D'une manière intéressante, ce travail a également souligné la grande proximité structurale et dynamique existant entre les séquences régulatrices et les séquences hautement mutagènes, soulevant ainsi de nombreuses questions restant à résoudre.

D'un autre côté, nous avons contribué à éclaircir le rôle du désordre dans l'assemblage du ribosome. Nous avons montré que la répulsion électrostatique confère une flexibilité et une dynamique essentielles aux protéines dans certains processus de reconnaissance intermoléculaire et d'assemblage. Ces travaux ont également permis la mise en lumière de « différentes catégories de désordre protéique» probablement associés à des rôles distincts dans les étapes de l'assemblage des sous-unités ribosomiques.

Complements d'informations

1. Interactions ADN-ADN et modification de la structure de la double hélice

Dans l'interaction squelette–sillon, les doubles hélices s'emboîtent réciproquement de telle manière que les groupements phosphates d'une hélice forment des liaisons hydrogènes avec les groupements amines N4 de deux cytosines alternées de l'autre

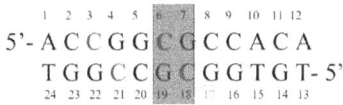

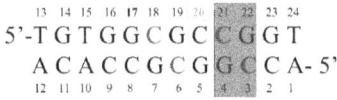

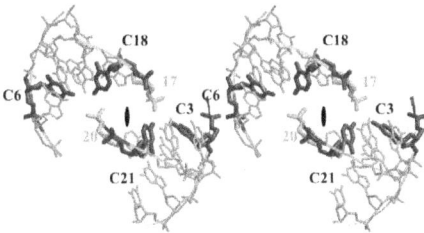

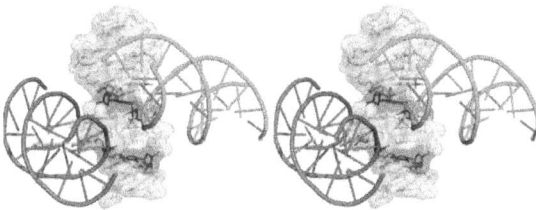

(fig. 1). Cette interaction repose ainsi sur la présence d'un dinucléotide CpG correctement placé dans la séquence.

Figure 1. Spécificité de l'interaction squelette-sillon. En haut, position des points d'ancrage cristallins C3/C21 et C6/18 dans la séquence du *nar*. Au milieu, vue stéréo du détail de l'interaction entre les cytosines et les groupements phosphates qui maintiennent l'assemblage des hélices. En bas, vue stéréo du trimère formé par l'emboîtement de deux molécules équivalentes (rubans rouges et verts)aux deux point d'ancrage du *nar* (bleu).

Ce dinucléotide détermine un point d'ancrage qui stabilise l'assemblage. Puisque l'arrimage du groupement phosphate nécessite la lecture des groupements Watson-Crick qui pointent dans le grand sillon, cette interaction est spécifique. Elle présente ainsi une analogie avec l'insertion d'une hélice α d'un motif « hélice-tour-hélice » dans le grand sillon. C'est pourquoi ce phénomène a été qualifié de reconnaissance ADN-ADN.

Pour vérifier que les séquences CpG pouvaient bien induire l'emboîtement spécifique de double-hélices dans d'autres contextes nucléotidiques, de nouvelles séquences d'ADN ont été conçues. Dans celles-ci, les points d'ancrage CpG ont été conservés aux emplacements appropriés afin d'induire et de stabiliser l'emboîtement des hélices (fig. 2, en haut). Ce travail d'ingénierie des cristaux a permis de résoudre la structure cristallographique de nouvelles molécules d'ADN. Conformément à la prédiction, ces points d'ancrages ont induit leur interaction, malgré la diversité de leurs séquences et de leurs tailles. Leur disposition le long de la séquence à un nucléotide d'intervalle (CGxCG) a, par ailleurs, imposé une organisation globale commune à l'ensemble des empilements cristallins. C'est ainsi que le dodécamère *ras* d(ACCGCCGGCGCC). d(GGCGCCGGCGGT) dont la séquence correspond aux codons 10-13 du proto-oncogène *c-Ha-ras* a pu être cristallisé dans le groupe d'espace R3 au cours du DEA de E. Vilbois que nous avons encadré au cours de l'année académique 90-91. Nous avions ainsi démontré que la séquence nucléotidique de l'ADN permettait de contrôler la géométrie de ses assemblages tertiaires. Les résultats de ce travail ont été une nouvelle fois publiés dans la revue *Nature* (Timsit et al., 1991). Cette étude a cependant révélé que les structures isomorphes des dodécamères **nar** et **ras** différaient d'une manière très importante.

Alors que le dodécamère *ras* épouse une structure en double hélice régulière en forme B, le *nar* est le théâtre d'une réorganisation spectaculaire de l'appariement de ses bases (fig. 2). L'altération importante de la planéité des paires de bases (traduites par des paramètres hélicaux tels que le *propeller twist* et le *buckle*) débute aux paires de bases CG pontées par les groupements phosphates des molécules équivalentes du cristal. A l'intérieur du grand sillon, les groupements phosphates ouvrent les paires C6-G19 et C18-G7 et déclenchent une réorganisation en cascade qui se propage aux paires de bases voisines, sur plus d'un demi-tour d'hélice, induit le décalage de l'appariement des bases. Du côté du grand sillon, les groupements Watson-Crick des bases d'un brin interagissent avec ceux des bases situées en 5' de leur complémentaires sur l'autre brin (fig. 2).

D'une manière intéressante, les cristaux des deux dodécamères se distinguent par leur stabilités : alors que les cristaux du *nar* fondent à une température supérieure à 6°C, les cristaux de *ras* restent stables jusqu'à 30°C. Il est donc probable que la thermosensibilité du *nar* reflète ses particularités structurales. Les altérations de l'appariement des bases représentent un état « pré-fondu » de l'ADN induit par l'approche étroite des hélices. Cet état est stabilisé à basse température mais ne résiste pas à un léger réchauffement. Il serait intéressant de démontrer que la fonte des cristaux de *nar* à plus haute température correspond à la séparation de ses brins. La comparaison des deux dodécamères montre également que la séquence adjacente aux points d'ancrage CpG peut moduler la « réponse structurale » à l'introduction d'un groupement phosphate dans le grand sillon d'une double hélice en forme B.

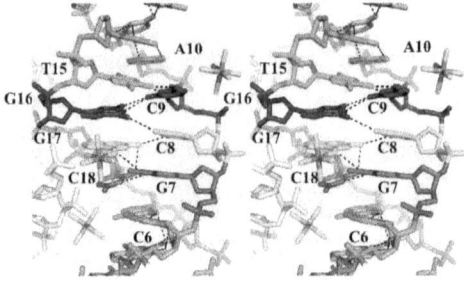

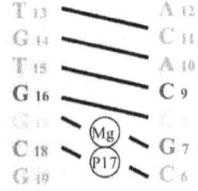

Stabilité des cristaux: 6°C

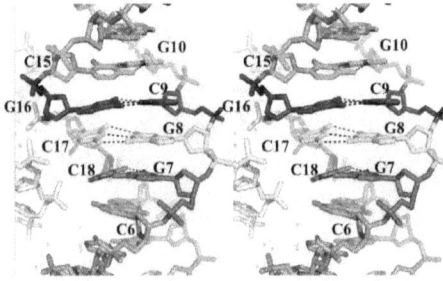

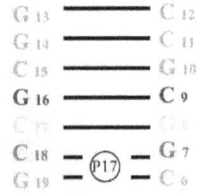

Stabilité des cristaux: 30 °C

Figure 2 : Comparaison des structures du *nar* (en haut) et du *ras* (en bas). Les bases appartenant à une paire complémentaires sont représentées par une couleur identique.

Comme la structure du *ras* n'est pas affectée par des contacts intermoléculaires similaires, l'on peut déduire que la séquence 5'-CCACA-3'/5'-TGTGG-3' située à proximité du point d'ancrage C6/C18, est à l'origine des propriétés particulières du *nar*. De fait, lorsqu'ils sont vus du grand sillon, les deux brins de cette séquence se caractérisent par une bipolarité propice au glissement des appariements de ses bases. Ainsi, la contiguïté des groupements amines N4 ou N6 du brin 5'-CCACA-

3' facilite la formation des liaisons hydrogènes décalées avec les groupements carbonyles O4 ou O6 du brin 5'-TGTGG-3' (fig. 3).

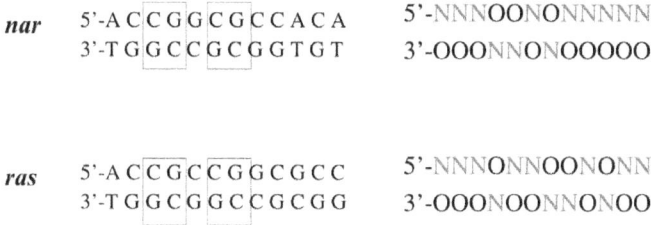

nar   5'-A C C G G C G C C A C A   5'-NNNOONONNNNN
        3'-T G G C C G C G G T G T   3'-OOONNONOOOOO

ras   5'-A C C G C C G G C G C C   5'-NNNONNOONONN
        3'-T G G C G G C C G C G G   3'-OOONOONNONOO

Figure 3. Propriétés des séquences des docécamères nar et ras. Les N représentent les groupements amines N4 et les O représentent les groupements carbonyles. Les points d'ancrages cristallins C3/C21 et C6/C 18 sont entourés par des rectangles.

La grande plasticité du pas CpA, remarquée quelques années auparavant dans une étude RMN (Cheung et al., 1984), contribue à rendre cette séquence plus flexible. Ce travail a donc mis en lumière, pour la première fois, les propriétés structurales particulières des séquences (CA)$_n$. Une analyse plus détaillée a suggéré que, d'une manière plus générale, les séquences de type (C/A)$_n$ (A ou C en ordre aléatoire sur le même brin) ou (T/G)$_n$ pouvait être considérées comme des séquences « sensibles à la compaction » de l'ADN. En d'autres termes, l'approche étroite entre segments d'ADN pourrait y déclencher une ouverture locale des paires de bases et initier la séparation des brins.

Contacts ADN-ADN et altération de la géométrie des doubles hélices

A plus longue distance, les phosphates des molécules équivalentes peuvent aussi influencer la géométrie locale des paires de bases. Ainsi, bien que le décamère *nae* possède une séquence exclusivement composée de paires GC, la régularité de structure est profondément altérée par la proximité des molécules équivalentes (tableau 4). Comme le montre la figure 4, l'empilement et la planéité des plateaux de bases sont sévèrement perturbés.

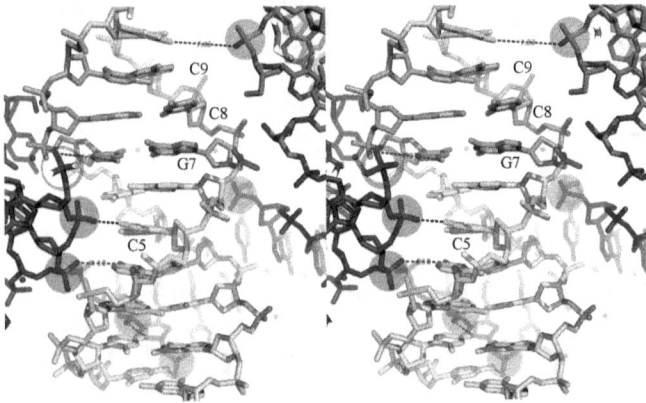

Figure 4. Contacts intermoléculaires et altération de la régularité de la géométrie du décamère *nae*. Les molécules équivalentes impliquées dans l'interaction squelette sillon sont représentées en bleu. La molécule impliquée dans l'approche plus distante petit sillon/grand sillon est représentée en rouge. Les cytosines pontées par les phosphates sont représentée en jaune. La région influencée par l'approche distante est représentée en violet.

L'irrégularité de sa géométrie se mesure quantitativement par les valeurs importantes des paramètres hélicaux tels que le *rise, buckle* et *propeller twist* (tableau 3). D'une manière intéressante, la structure du site palindromique *nae*I situé au centre du décamère, est bien plus irrégulière que la séquence centrale identique du dodécamère *ras*. Cette différence semble être associée à la pénétration plus profonde du grand sillon par deux groupements phosphates (tableau 1). Deux charges négatives insérées dans le grand sillon semblent donc perturber davantage la structure de la doublé hélice. D'autre part, la partie de l'hélice impliquée dans la formation d'une croix gauche (petit sillon/ grand sillon) est également, mais dans une moindre mesure, affectée par l'approche plus distante de la molécule équivalente (fig. 4).

I3				nae				ras			
Grand sillon <> grand sillon		Petit sillon<> grand sillon		Squelette<> sillon				Squelette<> sillon			
				PA1		PA2		PA1		PA2	
P7	14.5	P19	19.9	P13	11.2	P16	11.3	P16	10.8	P19	11.0
P8	10.1	P20	14.5	P14	6.6*	P17	6.9*	P17	6.8*	P20	7.1*
P9	8.1*	P12	9.5*	P15	8.2*	P18	8.1*	P18	9.9	P21	10.4
P10	7.5*	P13	12.0								

Tableau 1. Comparaison des distances entre les atomes de phosphores et l'axe des doubles hélices dans les trois structures *I3* d(CCIIICCCGG), *nae* d(CCGCCGGCGG) et *ras* d(ACCGCCGGCGCC). PA1 et PA2 signifient les points d'ancrages 1 et 2, respectivement.

Ainsi, la forte densité de charges négatives autour du décamère *nae* en fait l'une des doubles hélices en forme B riches en GC les plus irrégulières observées à ce jour. D'autre part, l'analyse de la structure du décamère *I3* démontre clairement que l'approche d'un groupement phosphate du grand sillon, à plus longue distance, peut aussi déstabiliser les paires de bases. La comparaison des deux moitiés palindromiques de l'hélice indique en effet que la même séquence CCC présente une structure différente selon qu'elle est impliquée ou non, dans les contacts intermoléculaires. La figure 15 montre en effet qu'en l'absence de contacts, la séquence C16-C18 adopte une géométrie parfaitement régulière. L'approche des phosphates P9 et P10 dans l'autre moitié provoque des modifications significatives de la planéité des paires de C6 à C8 (tableau 2 et 3).

55

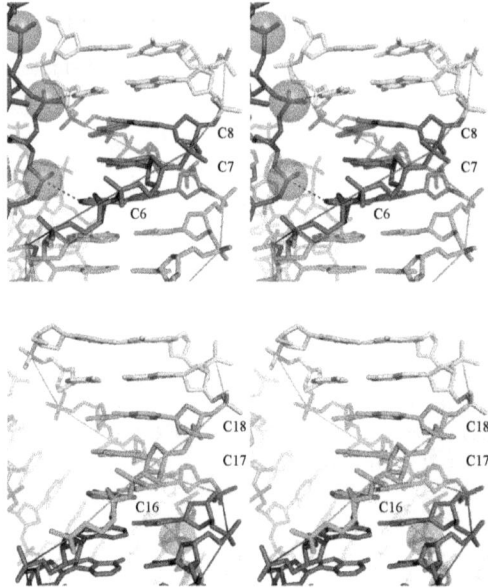

Figure 5 : Comparaison des deux moitiés du dodécamère *I3* d(CCIIICCCGG). Les séquences équivalentes par l'axe du palindrome sot représentée en rouge (C6-C8) et en vert (C16-C18).

	I3				Nae		
	Cup	Prop.	Buckle		Cup	Prop.	Buckle
C1 - G20	- 8.9	- 5.2	10.2	C1 - G20	-13.4	- 8.7	6.8
C2 - G19	- 1.9	0.6	1.4	C2 - G19	- 5.6	- 9.9	- 6.6
I3 - C18	- 2.1	-10.1	- 0.5	G3 - C18	14.0	-14.5	-12.2
I4 - C17	4.5	- 6.8	- 2.6	C4 - G17	4.7	-30.6	1.8
I5 - C16	- 2.6	-12.4	1.9	C5 - G16	- 8.3	- 9.2	6.5
C6 - I15	12.3	-15.2	- 0.7	G 6 - C15	2.1	-11.4	- 1.8
C7 - I14	5.3	-15.3	11.6	G7 - C14	- 3.7	-26.1	0.3
C8 - I13	-12.1	-13.6	16.8	C8 - G13	6.8	-14.0	- 3.5
G9 - C12	- 3.6	- 6.1	4.8	G9 - C12	- 8.0	-28.7	3.3
G10-C11		-17.3	1.6	G10-C11		-16.8	- 4.7

Tableau 2 : Paramètres hélicaux traduisant la déformation de la planéité des plateaux de bases des décamères *I3* et *nae*.

Ouverture de paires de bases dans d'autres structures cristallographiques

L'ouverture des paires de bases induites par l'approche étroite de deux hélices n'a été observé que dans deux autres structures cristallographiques d'oligonucléotides. Bien que ce point ait échappé aux auteurs de l'article, la structure cristalline à 1.55 Å de résolution du décamère d(CCAGGCCTGG)$_2$ constitue une démonstration extrêmement claire du rôle de la compaction des molécules d'ADN dans l'ouverture des paires de bases (van Aalten et al., 1998). Dans cette structure, les deux guanines G5 et G15 sont pontées par un lien covalent entre leurs deux groupements amines N2. Les auteurs qui observent l'ouverture d'une cytosine (C6) complémentaire de l'une de ces guanines (G15) attribuent l'instabilité de cette paire à la présence de ce lien. Or, cette structure possède deux doubles hélices par unités asymétriques. Cependant, alors que le lien covalent est présent dans les deux exemplaires de la molécule, la paire C6-G15 est ouverte dans l'une et fermée dans l'autre. L'ouverture n'est donc pas corrélée à la présence du lien entre les guanines. Elle est, au contraire induite par l'insertion d'un groupement phosphate d'une molécule voisine dans le grand sillon (fig. 6a). Celui-ci ponte directement le groupement amine N4 de la cytosine C6 et l'éloigne de sa guanine complémentaire. Dans l'autre molécule de l'unité asymétrique qui est soumise à un environnement cristallin différent, la cytosine C6 reste appariée normalement à sa guanine complémentaire (fig. 6b). Cette structure démontre donc clairement le rôle du phosphate dans l'ouverture de la paire C6-G15. Ces résultats indiquent également que la position du groupement phosphate à l'intérieur du grand sillon joue un rôle déterminant sur son pouvoir de déstabilisation. La figure 6b montre en effet que dans la molécule dont l'appariement C6-G15 est resté intact, le groupement phosphate est translaté en face du plateau de bases suivant et interagit avec la cytosine C7 en établissant une interaction C-H…O avec l'hydrogène en C5. Plus distant, ce contact n'affecte pas la géométrie de la paire.

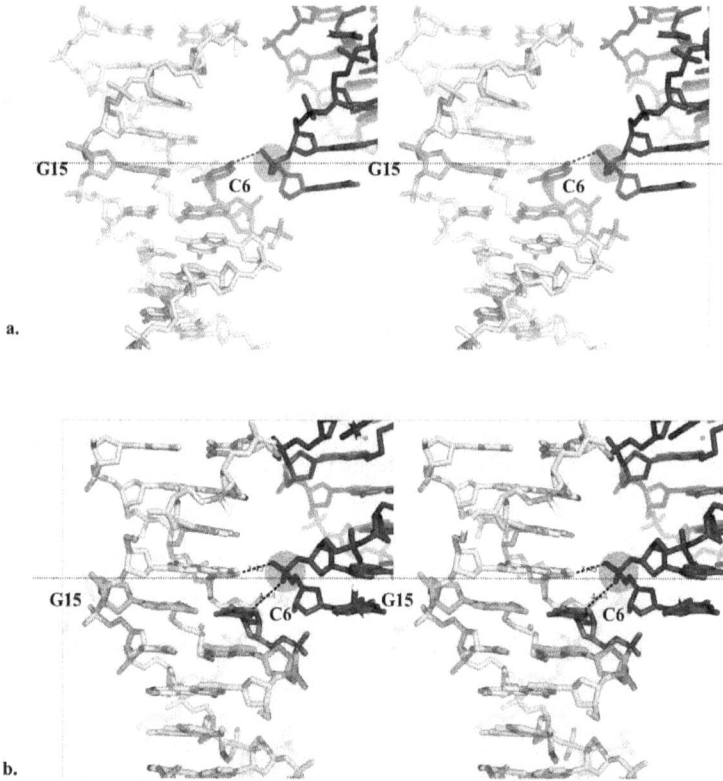

Figure 6 : Structure des deux molécules de l'unité asymétrique du décamère d(CCAGGCCTGG)$_2$. a. La paire de base C6-G15 est ouverte dans le grand sillon par le phosphate d'une molécule équivalente placé à la hauteur de C6 (ligne pointillée). b. La paire de base est intacte car le phosphate est placé à la hauteur la base suivante, C7 (ligne pointillée) et est trop distant pour former une liaison hydrogène avec le N4 de C6.

Dans l'hexamère d(CGGTGG). d(GCCACC), la paire centrale AT est ouverte et n'est maintenue que par une liaison hydrogène entre le groupement amine N6 de l'adénine et le groupement carbonyle O2 de la thymine (fig. 7) (Tari & Secco, 1995). Là encore, l'ensemble du duplex est déstabilisé par l'introduction de groupements phosphate dans le grand sillon. Cependant, ceux-ci interagissent avec les cytosines C1 et C10 et ne pontent pas directement l'une des base du plateau déstabilisé. Cette structure suggère donc que dans ce cas, la structure globale de l'hélice est altérée par l'environnement extrêmement dense en charges négatives. Cette perturbation du squelette s'accompagne de l'ouverture de la seule paire de base AT, qui constitue la paire la moins stable de la séquence.

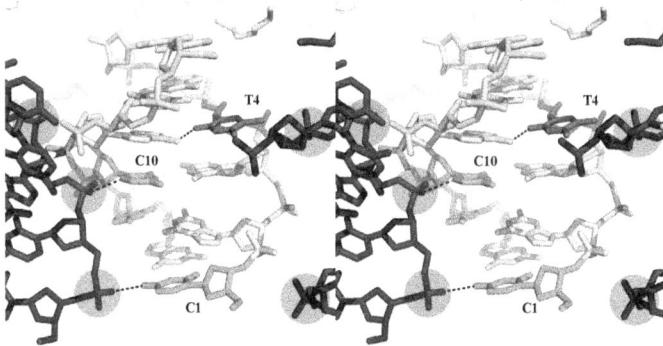

Figure 7 : Structure de l'hexamère d(CGGTGG).d(GCCACC) dont la paire AT centrale est ouverte. Les molécules équivalentes sont représentées en bleu.

En conclusion, l'ensemble de ces analyses montre que les charges négatives à proximité d'une double hélice en forme B peuvent altérer sa structure. L'importance de l'effet dépend d'une part, du nombre et du degré de pénétration de ces charges dans le grand sillon, et d'autre part de la séquence nucléotidique. En révélant qu'un jeu subtil entre la séquence et les interactions intermoléculaires cristallines gouverne les variations structurales de la double hélice, notre étude montre qu'il est vain de chercher l'existence de lois inférant un lien simple entre la séquence et la structure de l'ADN, en se basant sur les structures cristallographiques d'ADN. Mais ces travaux proposent au contraire, que l'étude de la réponse structurale des doubles hélices aux interactions intermoléculaires, en fonction de la séquence peut s'avérer très intéressant.

2. Structure et hydratation des séquences GAAA de l'ARN

Activité catalytique de GAAA/UUU

Un petit ribozyme dont l'activité dépend spécifiquement de la présence de Mn^{2+} a été initialement découvert dans la séquence de l'intron autocalytique de groupe I de Tetrahymena (Dange et al., 1990). Cette étude a montré qu'une séquence, qui adopte probablement une structure en épingle à cheveux à l'extrémité 5' de l'intron de 414 nucléotides, peut, en présence de Mn^{2+} catalyser le clivage de la liaison phosphodiester entre une guanine et une adénine situées à la base de la région en tige-boucle (fig. 1). Cette réaction génère deux fragments dont l'un contient une extrémité 5'-OH et l'autre, un phosphate 2',3'-cyclique terminal. L'activité de coupure peut avoir lieu à partir d'une concentration en Mn^{2+} de 0.25 mM.

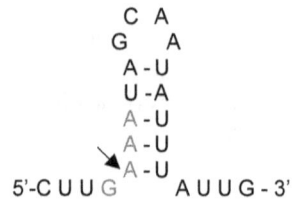

```
                    C  A
                  G    A
                  A - U
                  U - A
                  A - U
                  A - U
                  A - U
5'-C U U G            A U U G - 3'
```

Figure 1. Structure en tige boucle autoclivée en présence de Mn^{2+}. La flèche indique le site de coupure.

Un peu plus tard, Kazakov & Altman (1992) sont arrivés à définir une structure minimale capable de s'autocliver spécifiquement en présence de Mn^{2+} ou Cd^{2+}: elle consiste simplement en la séquence 5'-GAAAC appariée à une séquence 5'-UUU ou poly(U). Dans cette structure, les uraciles formeraient des paires Watson-Crick avec leurs adénines complémentaires. Ils ont montré en outre que le groupement 2'-OH des uraciles ou du segment poly(U) n'était pas indispensable puisqu'il pouvait être remplacé par un poly(dU) et ont proposé un mécanisme réactionnel dans lequel deux ions manganèses coordonnés aux deux groupement N7 de la première et la dernière adénine du triplet, stabilise la guanine dans une géométrie appropriée pour que sa liaison phosphodiester avec la base suivante soit hydrolysée. Dans ce modèle, la séquence UUU consiste à orienter les trois adénines pour faciliter leur fixation aux ions manganèse. Une étude plus récente a déterminé les sites de coupures induits par le manganèse dans l'intron autocatalytique *Cr.LSU* de l'ARN 23S du chloroplaste de *Chlamydomonas reinhardtii* (659 nt) (Kuo & Herrin, 2000). Ces travaux ont montré que le contexte structural de ces séquences influençait d'une manière importante les taux de coupures. Contrairement aux conclusions de Kazakov & Altman, l'un des sites majeurs constitués par une boucle interne, ne semble pas former d'appariement avec un triplet d'uraciles. L'autre site majeur est prédit dans une « 4-way junction ». Les auteurs ont d'autre part montré que les séquences GAAA formant une tétra-boucle stable étaient très faiblement coupées. Ces travaux ont soulevé des questions intéressantes à plus d'un titre. D'une part, la séquence GAAA/UUU constitue la plus petite macromolécule catalytique connue à ce jour. Elle peut donc servir de modèle pour la compréhension de l'activité des molécules prébiotiques. D'autre part, contrairement aux ribozymes de tailles plus importantes, son mécanisme d'action et en particulier sa structure active sont encore inconnus à ce jour. En outre, la spécificité du Mn^{2+} et l'incapacité du Mg^{2+} à le substituer dans sa fonction catalytique apparaît énigmatique. En effet, les deux ions de tailles similaires occupent le plus souvent les mêmes sites dans les structures des acides nucléiques et c'est en général le magnésium qui est utilisé par les ribozymes pour catalyser l'hydrolyse des liaisons phosphodiesters. L'hydratation et la fixation d'ions métalliques sur cette séquence mérite donc une attention particulière. Notre collaboration avec Sophie Bombard a eu pour objectif d'élucider ces questions. Nous avons entamé l'étude structurale d'une série d'oligonucléotides d'ARN dont l'activité a été testée. Les motifs GAAA ont été insérés dans des séquences susceptibles de former des tige-boucles.

La séquence U3A3, active sous forme de tige-boucle, a donné deux formes cristallines. L'une diffractant à 3.2 Å de résolution et l'autre à 1.3 Å. La séquence U5A3 inactive a également permis l'obtention de petits cristaux qui n'ont pas été encore testés. 10 jeux de données sur des cristaux de U3A3 dont l'uracile 3 a été substituée par une 5-bromouracile ont été collectés. Le phasage des données a cependant été compliqué par la photolyse du brome par les RX au cours de l'enregistrement. Afin d'éviter la perte du brome nous avons également dû enregistrer les données à différentes longueurs d'ondes (*pic*, *edge* et *remote*) sur différents cristaux.

Ces travaux nous ont permis de résoudre quatre structures à haute résolution. Bien que nous ayons pris les précautions préalables à la cristallisation (hybridation de la molécule à très faible concentration) pour éviter la formation de duplex, nous avons eu la surprise de découvrir que U3A3 forme une double hélice d'ARN dans les cristaux. Ces structures obtenues dans les différentes conditions de cristallisation sont très semblables. Ces structures ont contribué à éclaircir les particularités structurales et dynamiques des séquences GAAA. Très peu de structures d'ARN ont été résolues à cette résolution. Rares sont, également, les exemples de mésappariements $G_{(anti)}.G_{(syn)}$ présents au centre la double hélice. En outre, nos données prodiguent des détails et des informations nouvelles sur l'hydratation de l'ARN. La fixation des ions divalents et monovalents jouent un rôle très important dans la stabilisation et le repliement des molécules d'ARN. Enfin, un paradoxe lié à la symétrie de la séquence a attiré notre attention sur un phénomène particulièrement intéressant qui illustre comment l'environnement intermoléculaire à longue distance peut influencer la structure secondaire de l'ARN et son hydratation.

La figure 2 montre la double hélice contenant les deux séquences GAAA/UUUG répartie symétriquement autour du mésappariement $G_{(anti)}.G_{(syn)}$. Elle résume schématiquement les particularités géométriques observées dans la structure et le mode de fixation des cations. Notons que la séquence du tridécamère forme un palindrome dont l'axe 2 traverse la paire G.G centrale. Comme nous allons le voir plus loin, la structure de la double hélice n'est cependant pas symétrique. Avec un *x-disp* moyen de -4.44°, une inclinaison moyenne de 8.24 °, un *rise* et un *twist* moyens de 2.84 Å et de 31.27°, la double hélice de l'unité asymétrique de BR1 présente les caractéristiques d'une forme A standard. Cependant, les deux adénines A9 et A10 sont totalement désempilées et présentent un très faible recouvrement de leurs noyaux aromatiques. Ce phénomène se traduit par la valeur très élevée du *rise* (3.7 Å) entre les deux bases. Cette anomalie se retrouve entre les deux bases complémentaires U17 et U18. Il est notable de constater que la séquence équivalente par l'axe palindromique A22/A23 et U4/U5 présente, au contraire, une géométrie tout a fait régulière et un empilement normal des bases.

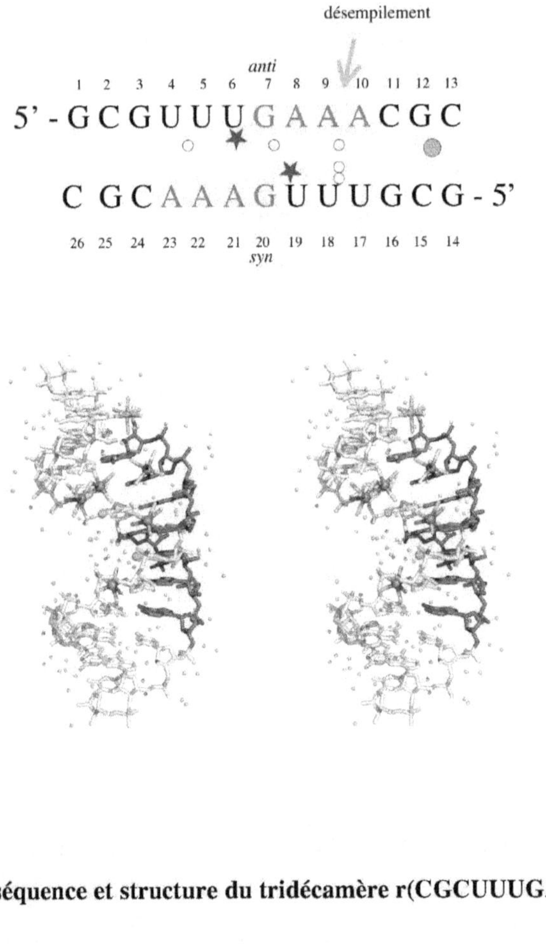

désempilement

anti
```
   1   2   3   4   5   6   7   8   9  10  11  12  13
5' - G  C  G  U  U  U  G  A  A  A  C  G  C

     C  G  C  A  A  A  G  U  U  U  G  C  G - 5'
    26  25  24  23  22  21  20  19  18  17  16  15  14
                        syn
```

Figure 2 : séquence et structure du tridécamère r(CGCUUUGAAACGC)

Les rares structures en duplex formées par le motif GAAA se retrouvent dans une séquence particulière du génome de HIV nommée « poly purine tract » (PTT) qui se caractérise par une longue série de purines et dont la fonction est d'empêcher sa dégradation par la RNase H, afin de servir d'amorce à la réplication du brin + par la transcriptase inverse du virus. Alors que les raisons de la résistance de cette séquence à la ribonucléase H demeurent encore obscures, deux structures cristallographiques récentes de cette région proposent que cette propriété trouve son origine dans les anomalies structurales de cette séquence (Kopka et al., 2003, Sarafianos, 2001). Dans ces deux structures de duplexs hybrides ARN/ADN, la géométrie des adénines consécutives située sur le brin d'ARN est également sévèrement perturbée.

La figure 3 montre en effet que dans ces deux structures de duplexs hybrides ARN/ADN, la géométrie des adénines consécutives située sur le brin d'ARN est sévèrement perturbée. L'équipe de Dickerson attire également l'attention sur le plissement du sucre de l'adénine 2 qui a basculé en *C2'-endo*. Ce plissement est

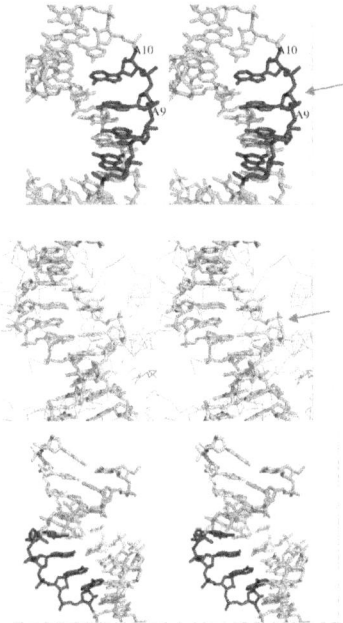

caractéristique des hélices en forme B et est tout à fait inhabituel dans une chaîne d'ARN qui le plus souvent dans les hybrides, impose la géométrie d'une forme A à sa chaîne hybride d'ADN.

Figure 3 : Propriétés structurales des empilements de purines. En haut, le désempilement des adenines 9 et 10 de l'ARN U3A3 de BR1. Au milieu, les alterations structurales du PPT dans le complexe du duplex "template-primer" de la transcriptase inverse de HIV (Safiranos, 2001). En bas un hydride ARN/ADN de PPT (Kopka et al., 2003). Les chaînes d'ARN sont représentées en cyan et les chaînes d'ADN en orange. Le motif GAAA est représenté en bleu foncé.

Nos données rejoignent ces observations en montrant adénine 10 sujette au désempilement de U3A3 présente une phase de 7°, significativement plus faible que tous les autres sucres de la structure et à la limite de la conformation *C2'-exo*. Notons que dans les structures d'hybrides de PPT ARN/ADN, à l'exception du pas représenté TpT représenté par une flèche sur la figure, la chaîne d'ADN complémentaire contenant des thymines consécutives peut permettre un empilement régulier grâce à l'interaction du groupement méthyle des thymines sur le noyau aromatique de leurs voisines. Dépourvues de groupement méthyle, les uraciles consécutives dans l'ARN ne peuvent pas stabiliser leur empilement. C'est donc pour cette raison que contrairement aux structures d'hybrides, le pas U17/U18 est altéré dans U3A3. Cette instabilité accrue des séries d'uraciles dans l'ARN est probablement responsable de la dynamique particulière des motifs GAAA et de leur réticence à adopter des hélices régulières. De fait, cette séquence n'a jamais été observée sous forme d'hélice régulière dans l'ARN. Au contraire, c'est sous la forme de boucle GNRA ou de segments irréguliers appariés à des bases qui ne lui sont pas complémentaires qu'elle apparaît le plus souvent dans les structures cristallographiques.

Dynamique particulière du pas GpA

Une autre particularité du tridécamère U3A3 tend à expliquer son instabilité intrinsèque. De fait, le groupement phosphate du pas GpA se caractérise par un facteur de température (facteur B) bien plus élevé que les autres groupements phosphates situés au centre du squelette de la double hélice. Ces facteurs B importants observés symétriquement aux deux pas GpA de l'hélice témoignent d'une agitation spécifiquement élevée du squelette en cette séquence. Cette observation constitue un fait assez rare puisqu'en général ce sont plutôt les extrémités des duplex qui se distinguent par une agitation plus élevée. Il est intéressant de constater que cette particularité se retrouve indépendamment dans les quatre structures (fig. 4).

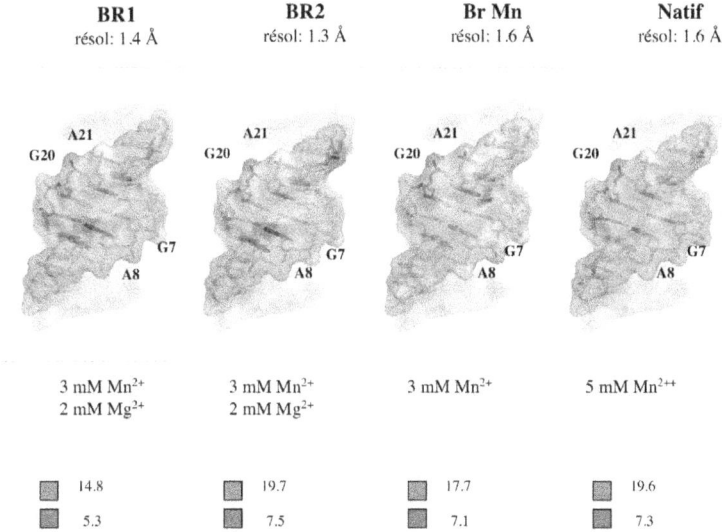

BR1	BR2	Br Mn	Natif
résol: 1.4 Å	résol: 1.3 Å	résol: 1.6 Å	résol: 1.6 Å

| 3 mM Mn²⁺ 2 mM Mg²⁺ | 3 mM Mn²⁺ 2 mM Mg²⁺ | 3 mM Mn²⁺ | 5 mM Mn²⁺⁺ |

| 14.8 | 19.7 | 17.7 | 19.6 |
| 5.3 | 7.5 | 7.1 | 7.3 |

Figure 4 : Facteurs d'agitation thermique des quatre tridécamères représentés par une échelle de couleurs. Les valeurs des minima et maxima sont exprimées en $Å^2$.

Notons par ailleurs que le groupement phosphate du pas GpA constitue le phosphate clivable du ribozyme. Il était donc tentant de mettre en relation cette propriété dynamique avec son rôle dans la catalyse. Il faut cependant considérer deux raisons possibles à cette agitation élevée du phosphate. La première invoque une dynamique particulière inhérente à la séquence GpA tandis que la seconde rend plutôt responsable le mésappariement G.G de l'instabilité locale. Pour tenter de trancher entre ces deux hypothèses, les facteurs de températures de toutes les structures d'ARN de la PDB (Protein Data Bank) contenant des séquences GAAA d'une part et toutes les séquences content des mésappariements, d'autre part, ont été analysées. Cette étude qui serait trop longue à décrire ici conclu que l'agitation est une propriété inhérente au pas GpA et reflète donc une instabilité intrinsèque de la séquence.

Hydratation

L'asymétrie de la distribution des ions observée le long de la séquence palindromique est inattendue. En effet, la moitié du duplex comprise entre les paires G7-G20 et C13-G14 est particulièrement riche en ions métalliques alors que l'autre moitié (G1-G7, G20-C26) en est presque totalement dépourvue (voir fig. 8 p. 9). Cette asymétrie est d'autant plus étonnante que les séquences de ces deux moitiés d'hélices sont identiques en raison de la symétrie palindromique du tridécamère (fig. 2). La demi-hélice ionophile se caractérise par la succession d'ions métalliques distribués régulièrement en face de chaque dinucléotide, le long de la chaîne riche en purines, à partir de la guanine G7. Les deux sodiums Na1 et Na2 pontent directement les groupements N7 de l'adénine 9 et de la guanine 7 en *anti*, respectivement. En outre, par l'intermédiaire de sa sphère d'hydratation, un ion manganèse interagit avec les groupements N7 et O6 de la guanine 12. Un cluster bimétallique (Na4<>Na5) ponte directement les groupement carbonyles O4 des deux uraciles U17 et U18 par l'intermédiaire de Na4. Sa présence est probablement due à la création d'une surface particulièrement électronégative générée par la contiguïté des groupements carbonyles du triplet d'uraciles et des groupements phosphates de leur squelette. Dans la moitié « pauvre en ions », on ne retrouve qu'un seul sodium (Na3). Celui-ci est, comme son homologue Na4,

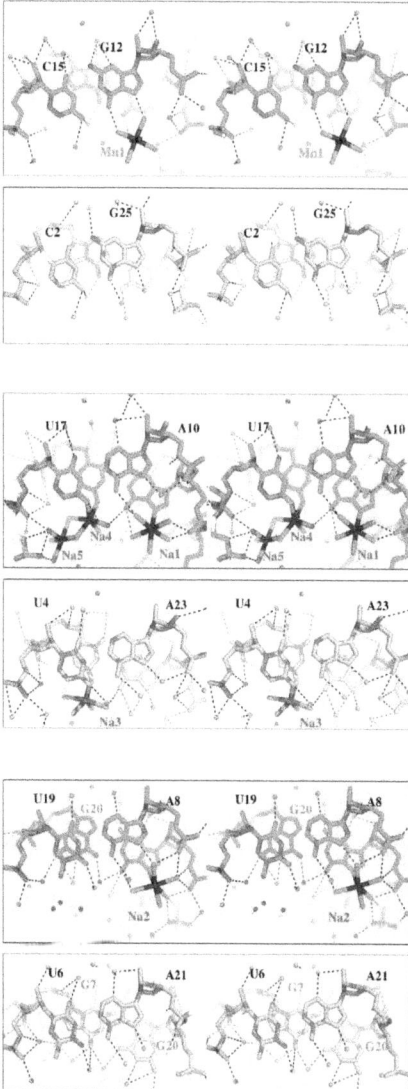

directement fixé aux deux uraciles U4 et U5 qui sont équivalentes à U17 et U18 par l'axe du palindrome. Il constitue le seul site que l'on retrouve symétriquement occupé dans les deux moitiés de U3A3. La carte de densité montre en effet que des molécules d'eau prennent les places correspondantes de tous les autres ions métalliques observés dans la partie ioniophile (fig. 5).

Figure 5 : Comparaison de l'hydratation des paires de bases équivalentes. La moitié ionophile est représentée en vert, la moité pauvre en ions est représentée en beige.

Comparaison des motifs d'hydratation d'une même séquence en présence et en absence de cations

Il est important de comprendre comment un cation déplace les molécules d'eau lorsqu'il occupe des sites spécifiques du sillon majeur de l'ARN. La figure 5 compare, pas par pas, les sites équivalents du tridécamère **BR**1 occupés par des ions ou des molécules d'eau. Elle montre d'une part que l'ion manganèse ponté par sa sphère externe à la guanine G12 positionne les molécules d'eau qui lui sont coordonnées aux mêmes sites que lorsqu'il est absent. Il est en effet remarquable de constater que les sites occupés par molécules d'eau situées en face des atomes N7, O6 de G25 et N4 de C24 correspondent exactement à ceux qui sont occupés par les molécules W2, W4 et W6 de la sphère d'hydratation du manganèse en face de C11/G12. Cette observation démontre l'invariabilité des sites d'hydratation et elle indique que le cation doit donc s'orienter lorsqu'il se fixe à l'ARN, pour adapter la position des molécules d'eau qui lui sont coordonnées aux positions imposées par les groupements W-C des bases. Par ailleurs, la coordination directe du groupement N7 de A9 par l'ion sodium a déplacé la molécule d'eau que l'on observe en face de son équivalente A22. L'hydratation de G7 et G20 ne sont pas comparables car G20 a basculé en *syn*.

Spécificité des ions monovalents le triplet UUU

Des ions sodiums sont pontés par leur sphère interne aux deux premières bases d'un triplet d'uraciles. L'ion ponte directement les deux groupements carbonyles des uraciles U4/U5 et U17/U18, indépendamment du caractère ionophile du sillon majeur (fig. 5). Le motif GUUU pourrait créer le potentiel électrostatique responsable de la coordination directe d'un ion monovalent sur ses deux bases centrale. L'équipe d'A. Rich avait remarqué, il y a maintenant trente ans, que les séquences ApU pouvaient directement coordonner un ion sodium par l'intermédiaire des groupements O2 des uraciles dans le sillon mineur. Plus récemment, la spécificité des ions monovalents pour certains motifs de l'ARN a été notée pour le récepteur des tétraboucles GNRA de l'intron de groupe I. Dans ce

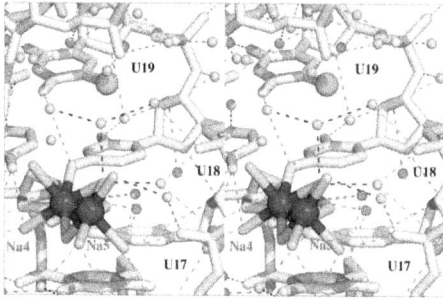

motif, la guanine 227 et l'uracile 228 qui succèdent la plateforme AA, sont directement coordonnées à un ion potassium par leur groupement carbonyles O6 et O4, respectivement (Basu et al., 1998). U3A3 ajoute donc la séquence GUUU au répertoire des sites directement et spécifiquement coordonnés par les ions monovalents dans l'ARN. Notons également que deux paires *wobbles* consécutives GG/UU ou inversées GU/UG génèrent des sites de fixations spécifiques pour les cations divalents (Cate & Doudna, 1996).

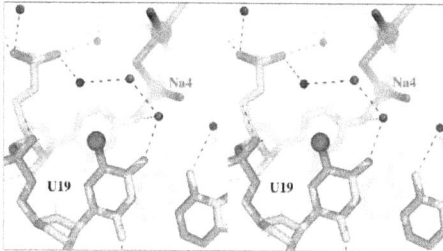

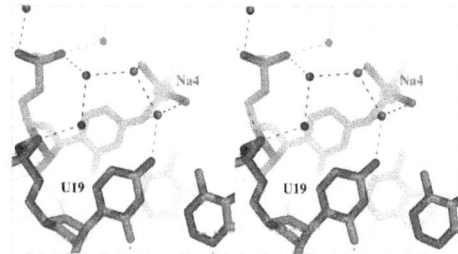

Figure 6 : (a) vue stéréo du détail de la fixation du cluster bimétallique. (b) hydratation de la bromouracile 19 dans BR1, (c) hydratation de l'uracile 19 dans la structure native.

71

Cluster d'ions sodiums

C'est la première fois que l'on observe un disodium fixé à l'ARN (fig. 6, haut). Cependant, des clusters bimétalliques de Na⁺ dont la géométrie est analogue à celui du tridécamère ont été observés dans des structures cristallographiques de nucléotides dans des contextes structuraux tout à fait différents (Kennard et al., 1975 ; Rao & Sundaralingam, 1969 ; Rosenberg et al., 1976). Les seuls clusters bimétalliques observés dans les acides nucléiques sont un di-magnésium dans la boucle E de l'ARN 5S (Correll et al., 1997) et un cluster dont la nature n'a pas pu être déterminée dans l'héxanucléotide m⁵CGTAm⁵CG d'ADN en forme Z (Wang et al., 1984). Dans les deux cas, les structures ont été résolues à très haute résolution.

L'ordre du mésappariement $G_{(anti)} \cdot G_{(syn)}$

L'ordre de la paire $G_{(anti)} \cdot G_{(syn)}$ (fig. 7) pose un problème de logique : en vertu de la symétrie palindromique de la séquence du tridécamère et du passage l'axe 2 de ce palindrome par la paire $G_{(anti)} \cdot G_{(syn)}$, cette paire devrait être désordonnée. En d'autres termes, l'orientation statistique de la double hélice autour de cet axe ne devrait pas privilégier la conformation *syn* sur un brin et la conformation *anti* sur l'autre et nous devrions, en l'absence de toute force intervenant sur cette configuration, observer un désordre statistique résultant des deux conformations simultanément présentes dans le cristal.

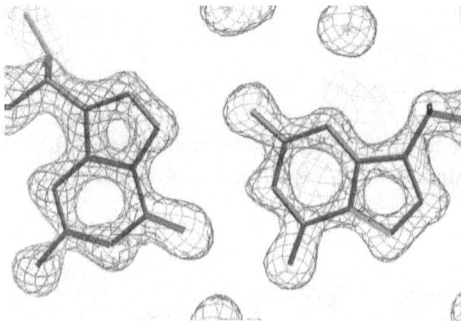

Figure 7 : Carte de densité centrée sur la paire G7(anti) à droite et G20(syn) à gauche.

Comme ce n'est pas le cas, nous avons cherché à comprendre quels étaient les facteurs qui pouvaient contribuer à orienter les deux bases dans leur voisinage. Il est apparu très vite, qu'à courte distance, rien dans l'environnement immédiat des guanines ne pouvait directement privilégier l'une des deux formes sur un brin. La figure 8 montre que, comme dans le cas de l'asymétrie de l'hydratation, c'est à plus longue distance que réside l'explication. Nous pensons en effet que ce sont les groupements phosphates des nucléotides A23 et C24 d'une molécule symétrique du cristal qui, en générant un potentiel électrostatique négatif, stabilise la présence du groupement amine N2 de G20 dans le sillon majeur de l'hélice et favorise sa conformation syn de G20. Ces données montrent que le voisinage de molécules chargées à plus de 10 Å peut influencer la structure secondaire des acides nucléiques, en l'absence de contacts directs. Ces observations rejoignent les conclusions de nos travaux sur les contacts ADN-ADN. Elles documentent ainsi les mécanismes de repliements de l'ARN en montrant que l'approche des hélices dans les formes compactes de l'ARN (ribosomes) peut contribuer à réorganiser leurs structures secondaires.

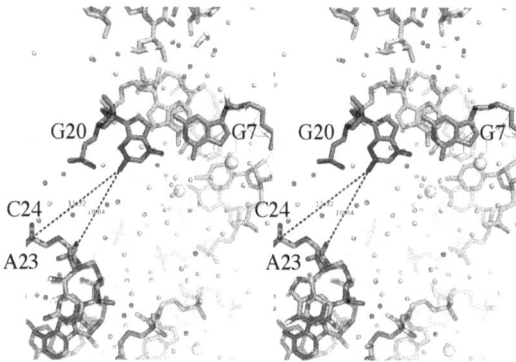

Figure 8 : Paire G7.G20 dans le contexte cristallin. Les phosphates de A23 et C24 de la molecule symétrique sont représentés en orange

En conclusion, ces travaux préliminaires sur les séquences GAAA ont soulevé plus de questions qu'apporté de réponses. L'article concernant une partie de ce travail est maintenant publié dans RNA (Timsit & Bombard, 2007). Il se concentre essentiellement sur la description de la fixation des ions et les déformations structurales qui leur sont associés.

3. Ordre et désordre de l'extension de la protéine ribosomique L20

RMN vs. Cristallographie. Une étude RMN de L20 d'*A. aeolicus* a conclu que la protéine L20 était entièrement déstructurée à une température inférieure à 21°C. Cette étude a montré qu'au-dessus de 21°C, la partie globulaire se structurait dans la région comprise entre les acides aminés 70 à 118. En l'absence de spectre clairement interprétable pour l'extension N-terminale, cette étude a déduit que cette région était entièrement déstructurée lorsque la protéine n'était pas fixée à l'ARN (Raibaut et al., 2002). D'un autre côté, l'étude cristallographique a montré que deux états de repliement de la protéine coexistaient dans le cristal. Contrairement à l'étude RMN, ces résultats ont montré que le désordre de l'extension ne se limitait qu'à une petite région de l'hélice α2 et à une partie du domaine C-terminal. D'une manière intéressante, la nucléation et la croissance des cristaux n'ont pu avoir lieu qu'a la température critique de 21°C. Ce comportement peut donc refléter la dépendance du repliement vis-à-vis de la température décrit dans l'étude RMN.

Pourquoi l'une des hélices α2 est-elle repliée dans le cristal ? Il semble donc raisonnable de penser que lors du processus de cristallisation, plusieurs états de repliement protéique coexistaient en solution. Il est donc probable que deux formes parmi l'ensemble des conformations ont été piégées dans le cristal. Etant donné l'origine électrostatique du déroulement de l'hélice α2 des monomère B, l'on peut s'interroger sur les raisons de la présence dans les cristaux, d'une hélice α stable et structurée dans les monomères repliés A et D. L'analyse des interactions intermoléculaires indique que cette stabilité est peut-être également d'origine électrostatique. Le dimère AD replié se distingue en effet, par l'approche inhabituelle et répulsive de deux arginines (fig. 1). Pourtant, les groupements guanidinium des deux arginines 51 équivalentes s'empilent parfaitement autour de l'axe 2 du dimère. Cette région est très bien définie dans la carte de densité et indique la présence d'un ion très probablement négatif (Cl⁻) au voisinage des charges positives. La figure 1 montre que les chaînes latérales de arg 51, phe 55 et

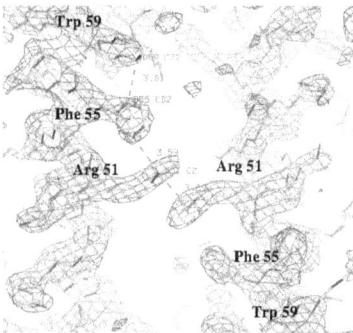

trp59 de part et d'autre de cette interaction s'empilent symétriquement le long de la même face de l'hélice et semblent ainsi contribuer à la stabilité de l'assemblage.

Figure 1. carte de densité 2Fo-Fc montrant le détail de l'interaction entre les hélices II dans le dimère replié.

D'autre part, nous pensons que le dimère déplié stabilise l'assemblage du dimère replié. La figure 2 montre, en effet, que le dimère replié est littéralement pris en étau dans la surface concave délimitée par les deux domaines globulaires du dimère déplié. Ainsi, les contacts intermoléculaires entre les monomères d'une part, et entre les dimères d'autre part, stabilisent mutuellement les deux conformations. Une conformation repliée de plus haute énergie est stabilisée par une formation désordonnée de plus faible énergie. Cette sorte de symbiose moléculaire pourrait expliquer pourquoi de nombreuses protéines ribosomique et les chaperonnes à ARN intrinsèquement dépliées auraient une activité de chaperonne à protéines. Les formes partiellement dépliées pourraient, en suivant un mécanimse similaire, aider et stabiliser les repliement des protéines.

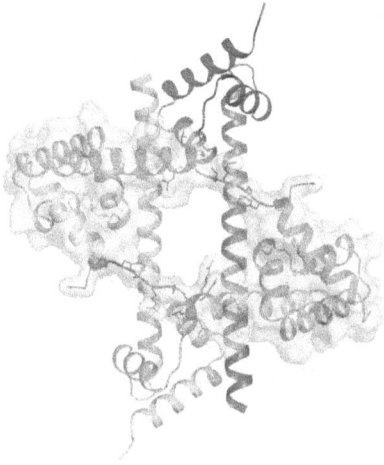

Figure 2 : modèle de mécanisme de chaperonne à protéine dans lequel les formes partiellement dépliées (jaune et vert) stabilisent les formes repliées (bleu).

Notons qu'à l'exception de la pliure de l'hélice α2, la forme repliée adopte une conformation très proche de L20 liée à l'ARN 23S. La présence de cette forme dans la maille cristalline est utile à plus d'un titre. Elle nous permet d'affirmer d'une part, que les conditions de cristallisation ne sont pas dénaturantes puisqu'elle permettent d'obtenir une forme bien repliée. Elle constitue donc, en quelque sorte, un témoin interne permettant de nous affranchir du rôle éventuel des conditions physico-chimiques du milieu de cristallisation sur la dénaturation partielle de la forme dépliée. D'autre part, elle nous sert de référence pour apprécier quelles sont précisément les régions déstructurées dans la forme 2.

La forme dépliée : un intermédiaire de repliement ? Il existe une corrélation entre le repliement des différents domaines de la protéine. Le domaine C-ter et le domaine N-ter (de 18-28) sont mieux ordonnés dans la forme repliée que dans la forme dépliée. L'ensemble des données sur les interactions tertiaires de la protéine est résumé sur le tableau 1. Il montre que les régions non structurées s'étendent également au-delà de l'extension et concernent le domaine globulaire. Ainsi, la forme dépliée du cristal pourrait correspondre à une forme inachevée de repliement. Par bien des égards, il existe des propriétés communes entre les intermédiaires de repliements et les IUPs.

Tableau 1 : Comparaison des contacts tertiaires dans la forme 1 et la forme 2 de L20 d'*A. aeolicus*.

Liaisons hydrogènes	Hélices impliquées	Acides aminés	Conservation des aas partenaires	**Forme 1** (repliée) Dist (Å)	**Forme 2** (dépliée) Dist (Å)
	α2 – α4	Arg 62 – Ala 94 Guanidinium- carbonyle	Stricte – PT	oui (2.5)	NON Pont H$_2$0 Avec asp 95
	α2 – α3	Asn 64 – Tyr 74 Carboxyamide- N peptidique	Stricte – Stricte	oui (2.7)	oui (3.0)
	α2 – α5	Tyr 70 – Glu 105 Hydroxyle - Carboxyle	Polaire - Polaire	oui (2.5)	NON 4.0)
	α3 – α4	Tyr 74 – Arg 90 Hydroxyle - guanidinium	Stricte – Stricte	Oui ? (3.5)	oui (3.0)
	α4 – α5	Asp 100 – Ala 103 Carboxyle - méthyle	Polaire– HP	oui (3.5) C-H…O Stabilise ext N-ter hélice	oui (3.5) C-H…O Stabilise ext N-ter hélice
	α5 – α3	Lys 110 – Ala 84 Amine - carbonyle	Polaire– Stricte	oui (3.5)	NON (15.0)
	α5 – α2	Lys 112 – Tyr 70 Amine - carbonyle	Stricte - Polaire	NON (3.9)	oui (3.0)
Contacts hydrophobes	α2 – α3	Ile 60 – Tyr 74	Stricte - Stricte	oui	oui
	α2 – α3	Ile 63 – Tyr 74	Stricte - Stricte	oui	oui
	α2 – α4	Ile 63 – Leu 93	Stricte - Stricte	oui	oui
	α2 – α3	Val 67 – Phe 77	HP - Stricte	oui	oui
	α2 – α5	Val 67 – Phe 104	HP - Stricte	oui	oui
	α3 – α4	Phe 77 – Leu 93	Stricte - Stricte	oui	oui
	α3 – α5	Phe 77 Val 107	Stricte - HP	oui	oui
	α3 – α5	Phe 77 – Val 108	Stricte - HP	oui	oui
	α3 – α5	Phe 77 – Val 111	Stricte - HP	oui	oui
	α3 – boucle 3-4	Leu 81 – Ile 86	Stricte - HP	oui	NON
	boucle 3-4 - α5	Ile 86 – Val 107	HP - Stricte	oui	NON
	boucle 3-4 - α4	Leu 88 – Ile 92	HP - HP	oui	oui
	boucle 3-4 - α4	Leu 88 – Leu 93	HP - Stricte	oui	oui
	boucle 3-4 - α4	Leu 88 –Met 96	HP - HP	oui	NON

Cette observation rejoint d'ailleurs l'hypothèse proposée par Uversky, qu'une catégorie de protéines intrinsèquement déstructurées se comporte comme des « molten globules » dont le repliement inachevé persiste dans les conditions physiologiques (Uversky, 2002).

Vers la déduction d'un chemin de repliement. Les deux formes cristallographiques de L20 peuvent-elles nous renseigner sur les étapes du repliement de la protéine ? Si l'on compare en détail les interactions tertiaires dans les deux formes et que l'on examine les acides aminés conservés phylogénétiquement, il est en effet possible de déduire en partie l'ordre dans lequel la protéine se replie. Cette analyse est cependant trop longue pour être décrite ici. En voici les conclusions principales. Premièrement, notre analyse rejoint les données expérimentale RMN en montrant que le domaine globulaire se replie avant l'extension N-terminale. D'autre part, nous suggérons l'existence d'un chemin énergétique défavorable au cours du mécanisme de repliement. En particulier, le repliement de l'hélice α4 sur le reste du cœur hydrophobe est défavorable sur le plan électrostatique. Il est possible que cette étape soit destinée à exercer un champ attractif pour l'ARNr, alors que la protéine n'est pas entièrement repliée. En outre, la répulsion électrostatique entre les éléments de structure secondaire confère à la protéine la flexibilité nécessaire pour s'adapter à la structure du ligand. D'autre part, la stabilisation de la forme dépliée par des ponts ioniques impliquant des résidus conservés phylogénétiquement semble destinée à maintenir transitoirement un état inachevé, défavorable sur le plan énergétique.

PONDR : désordre localisé

Nous avons soumis une série de séquences de L20 de différentes espèces d'eubactéries au programme de prédiction de désordre *PondR* (Romero et al., 1997). Dans la plupart des cas, les courbes attestent d'une prédiction de désordre dans les régions de 15-25, de 40 – 65 et de 87-93. Curieusement, l'algorithme *VL-XT* du programme prévoit que l'extension *Aquifex aeolicus* est entièrement désordonnée. Il est cependant remarquable de constater l'excellente adéquation entre nos résultats cristallographiques et les courbes de prédictions *PondR* sur les séquences d'*E. coli* et *D. radiodurans* (fig. 3).

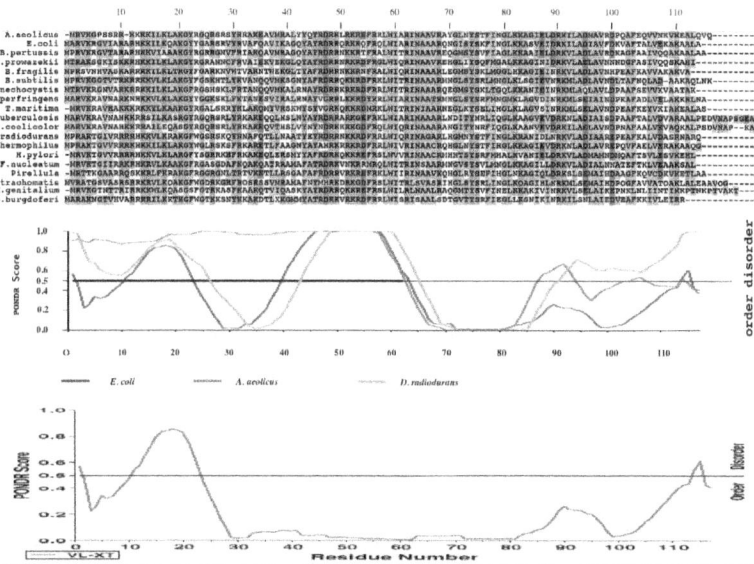

Figure 3. Alignement des séquences de L20 d'eubactéries représentatives de l'arbre phylogénétique et prediction du désordre par le programme PondR. La courbe du bas est calculée avec la séquence d'un mutant théorique de L20 de *E. coli* dont les acides amines basiques correspondant au cluster central 48, 49, 52, 53 de et 56 (= 50, 51, 54, 55 et 58 de *E. coli*) ont été remplacés par des alanines.

Ces deux dernières courbes reflètent en outre le profil moyen de l'ensemble des séquences des protéines L20 d'eubactéries que ne nous n'avons pas représentées ici. De fait le programme prédit l'absence de structure secondaire sur les zones que nous observons non structurées de la forme 2. *PondR* suggère que la boucle 3-4 et la moitié N-terminale de l'hélice α4 est également non structurée. Cette région est également dépliée dans la forme 2 et rappelons que les arg 90 et lys 91 sont soumises à des remaniements importants au passage d'une forme à l'autre. Les deux pics principaux de désordre correspondent aux régions riches en acides aminés basiques. Nous avons en effet montré comment la répulsion électrostatique des chaînes latérales pouvait déstabiliser les hélices α. Le programme prédit que l'extrémité N-terminale et C-terminale de l'hélice α2 et l'hélice α3 sont parfaitement ordonnées. Ces régions contiennent de nombreux acides aminés hydrophobes qui stabilisent des hélices α. La partie C-terminale de l'hélice α2, l'hélice α3 et l'hélice α5 forment un noyau compact maintenu par des résidus hydrophobes. Cette analyse montre donc que le programme *PondR* prédit d'une manière satisfaisante les zones susceptibles d'être désordonnées. Elle montre également qu'il est plus prudent d'évaluer le désordre sur un ensemble de séquences homologues. En effet, la simple comparaison de nos données et de la prédiction sur la séquence de *A. aeolicus* nous aurait conduit trop rapidement à une conclusion erronée. Notre étude montre donc que les séquences polypeptidiques recèlent une information diffuse contrôlant leurs propriétés dynamiques qui a probablement été maintenue par la pression sélective. Nous avons cherché à confronter notre hypothèse proposant le rôle du cluster d'acides aminés basiques 48, 49, 52, 53 et 56 sur le désordre de l'hélice α2 en les substituant par des alanines dans la séquence de *E. coli* avant le calcul de PondR. D'une manière spectaculaire, la courbe correspondant à ce mutant théorique prévoit l'existence d'une hélice parfaitement structurée dans cette région (fig. 3, bas).

Conception de mutants susceptibles d'altérer la flexibilité de l'extension de L20
Disposant d'informations précises sur les régions désordonnées de la protéine en l'absence d'ARN, nous avons proposé au groupe de M. Springer, des mutants visant à altérer les propriétés dynamiques de L20. Ces mutants ne cherchent donc pas à altérer directement la fixation de la protéine à l'ARN en substituant des acides aminés impliqués dans les contacts avec l'ARN. Ils sont conçus, au contraire, dans le but d'entraver la dynamique particulière de la protéine et d'en évaluer les conséquences sur le contrôle traductionnel d'une part, et l'assemblage du ribosome, d'autre part. La mutagenèse classique entreprise précédemment au laboratoire de M. Springer avait d'ailleurs conduit à des résultats déroutants. En effet, la plupart des mutations ponctuelles de L20 sensées entraver la fixation à l'ARN en substituant les chaînes latérales impliquées dans les contacts avec l'ARN ribosomique (sur la base de modèle à moyenne résolution de la protéine L20 fixée dans la sous-unité 50 S de *D. radiodurans*, Harms et al., 2001) ont conduit à des phénotypes normaux. Nos résultats cristallographiques expliquent en partie ce phénomène en montrant que les chaînes latérales des nombreux acides aminés basiques regroupés en cluster peuvent se substituer les unes aux autres pour la fixation de charges négatives.

Nous avons donc conçu d'une part, des séries de doubles mutants destinés à atténuer la répulsion électrostatique des chaînes latérales le long du cluster d'acides aminés basiques de arg 48 à arg 57. En supprimant le caractère chargé des chaînes latérales du cluster nous nous attendons à minimiser leur répulsion électrostatique et à stabiliser le segment 48-57 dans sa structure en hélice α. Nous pensons ainsi pouvoir évaluer le rôle fonctionnel de la flexibilité de ce segment. Notons cependant qu'une difficulté de notre approche réside dans le fait que les acides aminés basiques de cette région contactent les groupements phosphates de l'hélice 40 de l'ARN 23S. Nous avons également pensé à entraver la formation des ponts ioniques transitoires de l'état intermédiaire déplié en substituant les glu 87 et asp 95 par des alanines. Ceux-ci pontent respectivement les arg 90 et lys 91 dans la forme 2 et stabilisent la partie globulaire dans forme dépliée. Notons que ces deux acides aminés sont en grande partie conservés au cours de l'évolution (fig. 3, haut) alors qu'ils n'interagissent pas avec l'ARN. Nous avons également testé des mutations ponctuelles plus conventionnelles afin de déterminer le rôle de certains acides aminés conservés au cours de l'évolution. L'ensemble des mutants et les tests de leurs phénotypes dans *E. coli* ont été effectués au laboratoire de M. Springer. Les résultats préliminaires sur le phénotype du double mutant glu 87 / asp 95 sont particulièrement intéressant. Ce double mutant semble en effet altérer le repliement de l'ARN 23S alors que les acides aminés mutés ont un caractère acide et ne sont pas impliqués dans la fixation à l'ARN. Ce double mutant semble donc conforter notre hypothèse qui suggère qu'en stabilisant un état intermédiaire, par la formation de ponts ioniques transitoires, ces deux acides aminés jouent un rôle important au cours des premières étapes de fixation à l'ARN. Ces résultats ne sont pas encore publiés.

BIBLIOGRAPHIE

Alani, E., Lee, S., Kane, M.F., Griffith J. & Kolodner, R.D. (1997) *J. Mol. Biol.* **265**, 289-301.

Allen et al. (1997) *EMBO J.* **9**, 4555-4562.

Bach, J.S. (1744) *Das Wohltemperierte Klavier Teil II* BWV 870-893

Bae,Y.-S., I. Kawasaki, H. Ikeda, and Liu, L.F. (1988) *Proc.Natl. Acad.Sci. USA* **85**, 2076-2080.

Ban, N., Nissen, P., Hansen, J., Moore, P., Steitz, T.A. (2000) *Science* **289**, 905-920.

Baldwin, R. (1999) *Nature* **6**, 814-817.

Baldwin, R. (2001) *Nature* **8**, 92-94.

Bianchi, M. E., Beltrame, M. & Paonessa, G. (1989) *Science* **243**, 1056-1059.

Bloom, LB (2009) *DNA repair* **8**, 570-578.

Bloomfield, V.A. DNA condensation (1996). *Curr. Opin. Struct. Biol.* **6**, 334-341.

Bonnefoy, E., Takahashi, M. & Rouvière Yaniv, J. (1994) *J. Mol. Biol.* **242**, 116-129.

Charvin, G., Strick, TR., Bensimon, D. and Croquette, V. (2005) *Annu. Rev. Biophys. Biomol. Struct* **34**, 201-219.

Cheung, S., Arndt, K., & Lu, P. (1984) *Proc. Natl. Acad. Sci. USA* **81**, 3665-3669.

Chiaruttini, C., Milet, M. & Springer, M. (1996) *EMBO J.* **15**, 4402-4413.

Chiaruttini, C., Milet, M. & Springer, M. (1997) *Proc. Natl. Acad. Sci. USA* **94**, 9208-913.

Churchill M., et al. (1988) *Proc. Natl. Acad. Sci. USA* **85**, 4653-4656.

Claverie, JM. (2006) *Gen. Biol.* **7**, 110.

Claverie, JM. & Ogata, H. (2009) *Nat. Rev. Micr.* **7**, 615.

Claverie, JM. & Abergel, C (2009) *Annu. Rev. Genet.* **43**, 49-66.

Corbett, K. & Berger, JM. (2004) *Annu. Rev. Biophys. Biomol. Struct.* **33**, 95-118.

Dange et al. (1990) *Science* **248**, 585-588.

Dianov, G.L, Sleeth K.M., Dianova, I. & Allinson S.L. (2003) *Mutation Research* **531**, 157-163.

Duckett, R. et al. (1988) *Cell* **55**, 79-89.

Dyson, H. J. & Wright, P. E. (2005). *Nat. Rev. Mol. Cell. Biol.* **6**, 197-208.

Echols, H., & Goodman, M.F. (1991). *Annu. Rev. Biochem.* **60**, 477-511.

Finch, J. & Klug, A. (1976) *Proc. Natl. Acad. Sci. USA*, **73**, 1897-1901.

Fink, A. (2005) *Curr. Opin. Struct. Biol.* **15**, 35-41.

Fersht, A. (1995) *Proc. Natl. Acad. Sci. USA* **92**, 10869-10873.

Fersht, A. & V. Daggett (2002) *Cell* **108**, 573-582

Forterre P, Gadelle D (2009) *Nucl Acids Res* **37**: 679-692.

Forterre, P (2006) *Proc. Natl. Acad Sci. USA* **103**, 3669-3674.

Fukui, K., Nakagawa, N., Kitamura, Y., Nishida, Y., Masui, R. and Kuramitsu, S. (2008) *J. Biol. Chem* **283**, 33417-33427.

Grantcharova V., Alm E.J., Baker D., Horwich A.L. (2001) *Curr. Opin. Struct. Biol.* **11**, 70-82

Guillier, M. et al.. *RNA* **11**, 728-38 (2005).

Gunasekaran, K., Tsai, C.-J., Kumar, S., Zanuy, D. & Nussinov, R. (2003) *Trends Biochem. Sci.* **28**, 81-85

Harms et al., (2001) *Cell* **107**, 679-688

Herold, M. and Nierhaus, K.H (1987) *J. Biol. Chem.* **262**, 8826-8833

Hill, D.A & Reeves, R. Nucl. Acids Res. 25, 3523-3531

Hinck, A. P. et al. (1997) *J. Mol. Biol.* **274**, 101-13

Hingorani, MM. (2007) *Nat. Struct. Mol. Biol.* **14**, 1124 1125.

Ho K.L., McNae I.W., Schmiedeberg L., Klose R.J, Bird A.P. & Walkinshaw M.D. (2008) *Mol. Cell.* **29**, 525-531.

Hoeflich, K.P. & Ikura, M. (2002) *Cell* **108**, 739-742.

Indiani, C. & O'Donnell, M. (2006) *Nat. Rev. Mol. Cell. Biol.* **7**, 751-761.

Karran, P. (1996). *Cancer Biology* **7**, 15-24.

Kennard, O. (1987) in Nucleic Acids and Molecular Biology, Vol 1. ed. by F. Eckstein & D.M.J. Lilley. SpringerVerlag Berlin.

Kassavetis, G., Braun, B., Nguyen, L., And Geiduschek. (1990). *Cell* **60**, 235-245.

Kassavetis, O., Blanco, J., Johnson, T., And Geiduschek, P. (1992). J. *Mol. Biol.* **226**, 47-58.

Kilpatrick, M., Klysik, J., Singleton, C., Zarling, D., Jovin, T., Hanau, L., Erlanger, B., And Wells, R. (1984). *J. Biol. Chem.* 259, 7268-7274.

Kowalski, D., Natale, D., And Eddy, M. (1988). *Proc. Natl. Acad. Sci. USA* 85, 9464-9468.

Kowalski, D., And Eddy, M. (1989). *EMBO J.,* 4335-4344.

Krylov, D., Leuba, S., van Holde, K. & Zlatanova, J. (1993) *Proc. Natl. Acad. Sci. USA.* **90**, 5052-5056.

Kunkel, T.A. (1993) *Nature* **365,** 207-208 (1993).

Kunkel, TA. & Erie, DA. (2005) *Annu Rev Biochem* **74**, 681-710.

Lamers, M., Perrakis, A., Enzlin, J. Winterwep, H., de Wind, N. Sixma, T. (2000) *Nature* **407**, 711-717.

Leontis, N.B., Lescoute, A., and Westhof, E. (2006) *Curr. Opin. Struct. Biol.,* **16**, 279-287.

Lee, S., Cavallo, L. & Griffith, J. (1997) *J. Biol. Chem.* **272,** 7532-7539.

Lewis, J. & Bird, A. (1991) *FEBS Lett.,* **285**, 155–159.

Lillemoen, J. & Hoffman, D. W. (1998) *J. Mol. Biol.* **281**, 539-51.

Lilley, D.M. (2000) *Q. Rev Biophys.* **33**,109-59.

Lindahl & B. Nyberg (1972) *Biochemistry* **11**, 3610–3618.

Loeb, L.A. (1994). *Cancer Res.* **54**, 5059-5063.

Luger, K., Maeder, A., Richmond, R., Sargent, D., Richmond, T. (1997) *Nature* **389**, 251

Malik, H. & Henikoff, S. *Trends Biochem. Sci.* **25**, 414-418.

Mayer-Jung, C., Moras, D. & **Timsit, Y** (1997). *J. Mol. Biol.* **270**, 328-335.

Mayer-Jung, C., Moras, D. & **Timsit, Y.** (1998) *EMBO J.* **17**, 2709-2718.

Mayer, C & **Timsit, Y.** (2001). *Mol. Cell. Biol.* **47**, 815-822.

Minchin, S., Austin, S., And Dixon, R. (1989). *EMBO J.* **8**, 3491-3499.

Modrich, P. (1997). *J. Biol. Chem.* **272**, 24727-24730.

Modrich, P. (2006) *J. Biol. Chem.* **281**, 30305-30309.

Mol, C.D., Hosfield, D. & Tainer, J. (2000) *Mutation Research* **460**, 211-229

Nomura, M. (1973) *Science* **179**, 864-873.

Naylor, L., And Clark, E. (1990). *Nucl. Acids Res.* **18**, 1595-1601.

Natale, D., Schubert, A., And Kowalski, D. (1992). *Proc. Natl. Acad. Sci. USA* **89**, 2654-2658.

Neuman, K.C., Charvin, G., Bensimon, D. & Croquette, V. (2009) *Proc.Natl. Acad.Sci. USA* **106**, 6986-6991.

Obmolova, G., Ban, C., Hsieh, P. & Yang, W. (2000) *Nature* **407**, 703-710.

Ortiz-Lombardia M, Gonzalez A, Eritja R, Aymami J, Azorin F, Coll (1999) *Nat Struct Biol.* **10**, 913-917.

Pelletier, H., Sawaya, M.R., Kumar, A., Wilson, S.H & Kraut, J. (1994) *Science* **264**, 1891-1903.

Pulleyblank, DE. (1997) *Science* **27**, 648-649.

Raibaut et al., (2002) *J. Mol. Biol.* **323**, 143-151.

Robinson, P. J. J. & Rhodes, D. (2006) *Curr. Opin. Struct. Biol* **16**, 336-43

Röhl, R. & Nierhaus, K.H. (1982) *Proc. Natl. Acad. Sci. USA* **79**, 729-733.

Romero, P.Obradovic, Z., Kissinger, C.R., Villafranca, J.E. & Dunker, A.K. (1997) *Proc. IEEE Int. Conf. Neural Netw.* **1**, 90-95.

Sasse-Dwight, S., And Gralla, J. (1989)..*J. Biol. Chem.* **264**, 8074-8081.

Sayers, E. W., Gerstner, R. B., Draper, D. E. & Torchia, D. A. (2000) *Biochemistry* **39**, 13602-13.

Schalch, T., Duda, S., Sargent, D.F. & Richmond, T.J. (2005) *Nature* **436**, 138-141.

Schuwirth, B.S., Borovinskaya, M.A., Hau, C.A., Zhang, W., Vila-Sanjurjo, A., Holton, J.M., & Doudna

Cate. J.H. (2005) *Science* **310**, 827 – 834.

Selmer, M., Dunham, F., Weixlbaumer, A., Petry, S., Kelley, A.C., Weir, J.R & Ramakrishnan, V. (2006) *Science* **313**, 1935.

Schnos, M., Zahn, K., Inman, R., Blattner, F. (1988). *Cell* **52**, 385-395.

Slaughter, B.D. et al. (2005) *Biochemistry* **44**, 3694-3707.

Strand, M., Prolla, T.A., Liskay, R.M. & Petes, T.D. (1993). *Nature* **365**, 274-276.

Sun, H., Yin, D., Coffeen, L.A., Shea, M.A. & Squier, T.C. (2001). *Biochemistry* **40**, 9605-9617.

Sung-Hoon J., Kim, TG. And Ban, C. (2006). *FEBS J.* **273**, 1609-1619.

Talkington, M.W.T, Siuzdak, G., & Williamson, J.R. (2005) *Nature* **438**, 628-632.

Tari, L. & Secco, A. (1995). *Nucl. Acids Res.* **23**, 2065-2073

Timsit, Y., Westhof, E., Fuchs, R and Moras. D. (1989) *Nature* **341**, 459-462.

Timsit, Y. and Moras, D. (1991) *J. Mol. Biol.* **221**, 919-940.

Timsit, Y., Vilbois, E. and Moras, D. (1991) *Nature* **354**, 167-170.

Timsit, Y. and Moras, D. (1992). *Meth. in Enzymology* **211**, 409-429.

Timsit, Y. and Moras, D. (1994). *EMBO J.* **13**, 2737-2746.

Timsit, Y. & Moras, D. (1995). *J.Mol. Biol.* **251**, 629-647.

Timsit, Y. & Moras, D. (1996). *Q. Rev. Biophys.* **29**, 279-307.

Timsit, Y., Duplantier, B., Jannink, G. a& Sikorav, J.L (1998). *J. Mol. Biol.* **284**, 1289-1299.

Timsit, Y., Shatzky-Schwartz, M., & Shakked, Z. (1999). *J. Biomolec. Struct. Dyn.* **16**, 775-786.

Timsit, Y. (1999). *J. Mol. Biol.* **293**, 835-853.

Timsit, Y. & Bombard, S. (2007) *RNA* **13**, 1-10.

Timsit, Y. (2001). *J. Biomolec. Struct. Dyn.* 19, 215-218.

Timsit, Y. & Varnai, P. (2010) *Plos One* **5**(2) e9326.

Timsit, Y. & Varnai, P. (2011) *J. Mol. Rec.* In press.

Timsit, Y., Allemand, F., Chiarutini, C & Springer, M. (2006) *EMBO Reports* **7**, 1013-1018.

Timsit, Y., Acosta, Z., Allemand, F., Chiaruttini, C., & Springer, M. (2009) *Int. J. Mol. Sci.* **10**, 817-834.

Timsit, Y. Allemand, F., Chiaruttini, C, Springer M (2010). dans *Ribosomal proteins and protein engineering design, selection and Applications* V. Ortendhal and H. Salchow (Ed.) Nova publishers, Hauppauge N.Y.

Tompa, P. & Csermely, P. (2004) *Faseb J* **18**, 1169-75.

Uversky, V. N. (2002) *Protein Sci.* **11**, 739-56.

van Aalten DM, Erlanson DA, Verdine GL, Joshua-Tor L. (1999) *Proc Natl Acad Sci USA.* **96**, 11809-11814

Varga-Weisz, P., Zlatanova, J., Leuba., S. H., Schroth, G. P., & Van Holde, K. (1994) *Proc. Natl. Acad. Sci. USA.* **91**, 3525-3529.

Varnai, P. & **Timsit ,Y.** (2010) *Nucl. Acid Res.* **38**, 4163-4172.

Vologodskii, A. (2009) *Nucl. Acids Res.* **37**, 3125-3133.

Wahl, M.C. & Sundaralingam M. (1997) *Trends Biochem. Sci.* **22**, 97-102.

Wang, J.C. (2002) *Nature Rev.*, **3**, 430-440.

Ward, J.J., Sodhi, J.S., McGuffin, L.J., Buxton, B.F. & Jones, D.T. (2004) *J. Mol. Biol.* **337**, 635-645.

Warren, J.J., Polhaus, T.J., Changela, A., Iyer, RR., Modrich, P.L. and Beese, L. (2007) *Mol. Cell* **26**, 579-592.

West, K.L. & Austin, C.A. (1999) *Nucleic Acids Res.* **27,** 984-992.

White, M.F., Giraud-Panis, M.J.E., Pöhler, J.R.G. & Lilley, D.M.J. (1997) *J. Mol. Biol.* **269**, 647-664.

Widom, J. (1989) *Annu. Rev. Biophys. Chem.*, **18**, 365-395.

Williamson, J.R. (2003) *RNA* **9**, 165-167.

Wimberly, B.T., Brodersen, D.E., Clemons, W., Morgan-Warren, R.J., Carter, A.P., Vonrhein, C., Hartschk, T. & Ramakrishnan, V. (2000) *Nature* **407**, 327-339.

Wilstermann AM & Osheroff N. (2001) J. Biol. Chem. 276, 46290-46296.

Wright P.E. & Dyson H.J. (1999) *J. Mol. Biol.* **269**, 321-331.

Yang, W. (2000) *Mut. Res.* **460**, 245-256.

Yang, W. (2006) *DNA repair* **5**, 654-666.

Zechiedrich, E. L., & Osheroff, N. (1990) *EMBO J.* **9**, 4555 -4562.

Zengel, J.M., Jerauld, A., Walker, A., Wahl, M., & Lindahl, L. (2003) *RNA* **9**, 1188-1197.

Zheng J, Birktoft, JJ, Chen Y, Wang T, Sha R, Constantinou, PE, Ginell, SL, Mao C, Seeman NC. (2009) *Nature* **461**, 74-77.

TABLE DES MATIERES

INTRODUCTION GENERALE

P. 1

CHAPITRE I
Interactions ADN-ADN : de la géométrie à la topologie.

P. 3

A. Propriétés structurales et électrostatiques des interactions ADN-ADN

P. 4

B. Structure de l'ADN et fidélité des polymérases : les vertus de la forme A

P. 29

CHAPITRE II
Assemblage des ribosomes : rôle des protéines intrinsèquement non structurées

P. 35

Conclusions générales

P. 45

Compléments d'informations

P. 47

1. Interactions ADN-ADN et modifications de la double-hélice

P. 48

2. Structure et hydratation des séquences GAAA de l'ARN

P. 59

3. Ordre et désordre de la protéine ribosomique L20

P. 73

BIBLIOGRAPHIE

P. 83

www.ingramcontent.com/pod-product-compliance
Lightning Source LLC
Chambersburg PA
CBHW021119210326
41598CB00017B/1503